化工原理实验

冯吉利　王娜娜　主编

科学出版社
北京

内 容 简 介

本书主要介绍了化工基本单元操作实验技能及其在生物化工过程中的应用，由十个化工基本单元操作实验和两个生物化工综合实验组成。基本单元实验包括验证性实验和自主性实验：验证性实验旨在培养学生的动手能力；自主性实验侧重引导学生对实验的拓展及探索，旨在培养学生的创新意识。两个综合性实验涵盖了沉降、过滤、蒸发、吸附、萃取、结晶、干燥等化工单元操作在生物制品生产过程中的综合应用。本书配套的八个单元实验的视频教程，基本由学生制作完成，从学生的视角反映其对化工实验仪器及操作的认识，利于预习及思考。

本书既可作为生物工程类专业的化工原理实验教材和生物工程综合实验教材，也可作为其他相关专业（如化工、制药等）的化工原理实验教材。

图书在版编目（CIP）数据

化工原理实验 / 冯吉利，王娜娜主编. —北京：科学出版社，2021.6
ISBN 978-7-03-066923-0

Ⅰ. ①化… Ⅱ. ①冯… ②王… Ⅲ. ①化工原理-实验-高等学校-教材
Ⅳ. ①TQ02-33

中国版本图书馆 CIP 数据核字（2020）第 225713 号

责任编辑：张静秋 / 责任校对：严 娜
责任印制：张 伟 / 封面设计：蓝正设计

科学出版社 出版
北京东黄城根北街 16 号
邮政编码：100717
http://www.sciencep.com
北京厚诚则铭印刷科技有限公司印刷
科学出版社发行 各地新华书店经销
*
2021 年 6 月第 一 版 开本：720×1000 1/16
2022 年 7 月第二次印刷 印张：6 1/4
字数：140 000

定价：28.00 元

（如有印装质量问题，我社负责调换）

《化工原理实验》编委会

主　编　冯吉利　西北农林科技大学

　　　　　王娜娜　西北农林科技大学

副主编　贾志华　西北农林科技大学

　　　　　孟昭福　西北农林科技大学

编　者（按姓氏笔画排序）

　　　　　王娜娜　西北农林科技大学

　　　　　冯吉利　西北农林科技大学

　　　　　冯进来　东北石油大学

　　　　　陈丽红　西北农林科技大学

　　　　　陈晓红　西北农林科技大学

　　　　　范宁娟　西北农林科技大学

　　　　　孟昭福　西北农林科技大学

　　　　　侯文洁　西北农林科技大学

　　　　　秦宝福　西北农林科技大学

　　　　　莫　非　杨凌职业技术学院

　　　　　贾志华　西北农林科技大学

　　　　　高晓明　延安大学

　　　　　麻妙锋　西北农林科技大学

前　言

进入 21 世纪，我国作为生物制造的后起之秀，生物发酵产品的发酵产能及产量已位于世界首位，但是在生物制造的经济效能及技术方面还有待提高。生物工程是生物产品由实验室走向工业化大规模生产的桥梁，以单元操作及其原理为核心的化工原理课程则是生物工程专业的专业核心课和工程基础课。在整个生物工程专业的课程体系和技术体系，以及生物产品的生产开发过程中，化工单元操作原理及其实验技能始终占据着极其重要的地位，是发酵工程、生物反应工程、生物分离工程、细胞工程、蛋白质工程、酶工程、生物工程设备等课程和技术体系的工程学基础，是从化学工程到生物产品工程和生物过程工程的延伸和扩展。

本书主要介绍了化工基本单元操作实验技能及其在生物化工过程中的应用，由十个化工基本单元操作实验和两个生物化工综合实验组成。实验一至实验九为传统化工原理实验，包括流体流动、传热、传质三大类单元操作实验，实验十为亚硫酸盐氧化法测定体积传氧系数实验，实验十一为双水相萃取脂肪酶综合实验，实验十二为大孔吸附树脂分离提取红霉素综合实验，基本涵盖了沉降、过滤、蒸发、吸附、萃取、结晶、干燥等化工单元操作在生物制品生产过程中的综合应用。因此本书既可作为生物工程类专业的化工原理实验教材和生物工程综合实验教材，也可作为其他相关专业（如化工、制药等）的化工原理实验教材。

本书的编写立足于基本化工单元操作实验，强调单元操作知识在生物制品中的实践应用。特点可概括为：①每个实验均设置问题导读及思考题，引导学生有目的地预习及对实验进行必要的反思；②前八个实验有相应的视频教程，可以扫二维码观看，为仪器及操作预习提供了相应资料；③基础实验由验证性实验和自主性实验组成，体现了实验教学的灵活性和多样性；④化工单元操作实验与生物制品实验相结合，体现了生物工程类专业开设化工原理课程的必要性。

本书视频教程制作得到西北农林科技大学创新学院同学们的协助，本书的出版得到西北农林科技大学及西北农林科技大学生命科学学院的资助，谨此致谢。

由于编者水平有限，书内难免有不妥之处，望读者批评指正。

编　者

2020 年 10 月

目　　录

绪　论

一、化工原理实验的特点

“化工原理”是化工、食品、生物工程、环境工程等专业的重要技术基础课，它属于工程技术学科，所以化工原理实验也是解决工程问题必不可少的重要部分。实际的工程问题，其涉及的物料千变万化，操作条件也随各工艺过程而改变，使用的各种设备结构、大小相差悬殊，很难从理论上找出反映各过程本质的共同规律，一般采用两种研究方法来解决实际工程问题：实验研究法和数学模型法。对于实验研究法，在析因实验的基础上应用因次分析法规划实验，再通过实验得到应用于各种情况下的半理论半经验关联式或图表。例如，找出流体流动中摩擦系数与雷诺数和相对粗糙度关系的实验。对于数学模型法，在简化物理模型的基础上，建立起数学模型，再通过实验找出联系数学模型与实际过程的模型参数，使数学模型能得到实际应用。例如，精馏中通过实验测出塔板效率，将理论塔板数和实际塔板数联系起来。可以说，化工原理实验基本包含了这两种研究方法（这是化工原理实验的一个重要特点）。

虽然化工原理实验测定内容及方法是复杂的，但是所采用的实验装备却是生产中最常用的设备和仪表（这是化工原理实验的另一个特点）。例如，流体阻力实验中，虽然要测定摩擦系数与雷诺数及相对粗糙度的复杂关系，但使用的却是极其简单的泵、管道、压力计、流量计等设备和仪表。

化工原理实验的这些特点，同学们应该在实验中认真体会，通过化工原理实验对这些处理工程问题的方法加深认识并初步应用。

二、化工原理实验的要求

1）巩固和深化理论知识。“化工原理”课堂上讲授的主要是化工过程即单元操作的原理，包括物理模型和数学模型。这些内容是很抽象的，应通过化工原理实验及实习等实践性环节，来深入理解和掌握课堂讲授的内容。我们针对这部分要求在每个实验后布置了思考题，可引导和启发同学们认真做实验，并通过实验环节理解过程原理及各种影响因素。同学们应在做实验和完成实验报告时认真完成这些思考题。

2）初步掌握化工工程问题的研究方法，熟悉化工数据基本测试技术。工程中实验研究法和数学模型法均离不开实验测定各种化工数据。通过实验过程可进一步认识解决工程问题的这些方法，同时也熟悉这些设备和仪表的结构、主要性能及基本操作。

三、化工原理实验预习报告

每次做实验前必须将实验预习报告交给实验指导教师并检查合格后方能进行实验。实验预习报告内容如下。

（1）实验目的及内容——做什么？

（2）实验意义及原理——为什么做？

（3）实验中必须测量哪些数据？列出数据记录简表——如何做？

四、化工原理实验报告内容

实验报告内容如下。

（1）实验目的。

（2）实验原理：要说明实验的依据及要测量的数据。

（3）实验装置：实验流程图和流程说明。

（4）实验主要操作步骤。

（5）实验数据记录：列表记录实验数据及单位。

（6）数据整理：列出数据整理表，并写出数据计算过程示例。

（7）实验结果及结论：将实验结果用图形或关系式表示，并得出结论。

（8）分析与讨论：对实验中的问题进行分析。

（9）思考题的答案。

实验一　流体流动型态及临界雷诺数的测定

问题导读（预习思考）

- 影响流体流动型态的因素有哪些？
- 层流和湍流的区别可以从哪几个方面进行区分？
- 在计算临界雷诺数时，需要知道或实测哪些物理参数？
- 用雷诺数判断流动状态的意义何在？

一、实验目的

（1）通过雷诺实验装置，观察流体流动过程不同型态的特点及其转变过程。
（2）建立对层流（滞流）和湍流两种流动类型的直观感性认识。
（3）测定流型转变时的临界雷诺数。
（4）理解转子流量计的测量原理与校正方法。

二、实验原理

（一）流体流动状态

流体流动存在两种不同的型态（层流和湍流），其本质的区别是在轴心线上的质点是否既有轴向速度又有径向速度。主要决定因素为流体的密度 ρ、黏度 μ、流体流动的速度 u，以及设备的几何尺寸（在圆形导管中为导管直径 d）。

雷诺研究表明，上述因素可整理归纳为一个无因次的复合数群——雷诺数（Re），即：

$$Re = \frac{du\rho}{\mu} \tag{1.1}$$

式中，d，圆直管的内径，m；
ρ，一定温度条件下流体的密度，kg/m^3；
μ，一定温度条件下流体的黏度，Pa · s；
u，圆直管内流体平均流速，m/s。

雷诺数是判断流体流动类型的准则。经大量实验测得：当雷诺数小于某一下临界值时，流体流型恒为层流；当雷诺数大于某一上临界值时，流体流型恒为湍流；在上临界值与下临界值之间，则为不稳定的过渡区域，流型可能是层流，也可能是湍流，与外界条件的干扰情况有关。

对于圆形导管，当 $Re<2000$ 时，流动类型为层流；当 $Re>4000$ 时，流动类型为湍流；$2000<Re<4000$ 时，流动类型不稳定，是过渡区域。

（二）转子流量计工作原理

转子流量计是常用的测量流量的仪表，又称浮子流量计，是变截面式流量计的一种，由金属转子和带有刻度的锥形透明管组成。测量流体的流量时，被测流体从锥形管下端流入，流体的流动冲击着转子，并对它产生一个作用力（这个力的大小随流量大小而变化）；当流量足够大时，所产生的作用力将转子托起，并使之升高。同时，被测流体流经转子与锥形管壁间的环形断面，这时作用在转子上的力有三个：流体对转子的动压力、转子在流体中的浮力和转子自身的重力。流量计垂直安装时，转子重心与锥形管管轴会重合，作用在转子上的三个力都沿平行于管轴的方向。当这三个力达到平衡时，转子就平稳地浮在锥形管内某一位置上。对于给定的转子流量计，转子大小和形状已经确定，因此它在流体中的浮力和自身重力都是已知常量，唯有流体对浮子的动压力是随来流流速的大小而变化的。因此当来流流速变大或变小时，转子将做向上或向下的移动，相应位置的流动截面积也发生变化，直到流速变成平衡时对应的速度，转子就在新的位置上稳定。对于一台给定的转子流量计，转子在锥形管中的位置与流体流经锥形管的流量大小成一一对应关系。

转子一般为陀螺形或纺锤形，读数时以陀螺形的上表面或纺锤形的中心为准，对应的刻度即为流量数值。流量计上的流量刻度是以 20℃的清水作为介质，不同实测流量与不同转子高度一一对应。实际应用时由于流体的操作温度、流体的种类发生改变，因此需要在实验前对转子流量计进行标定，即以某一固定流量下的实测流量为横坐标，以转子流量计的读数为纵坐标，做一条标定曲线，实际流量则可通过标定曲线获得。

三、实验器材

（一）实验用具

量筒、秒表、水银温度计。

（二）实验仪器

本实验采用的装置为 CEA-F01 型雷诺实验仪。实验装置主要由稳压溢流水槽、实验导管和转子流量计等部分组成，如图 1.1 所示。自来水不断注入并充满稳压溢流水槽。稳压溢流水槽的水流经实验导管和流量计，最后排入下水道。稳压溢流水槽的溢流水，也直接排入下水道。实验中，实验导管中的水流量由流量调节阀 V_{03} 控制。

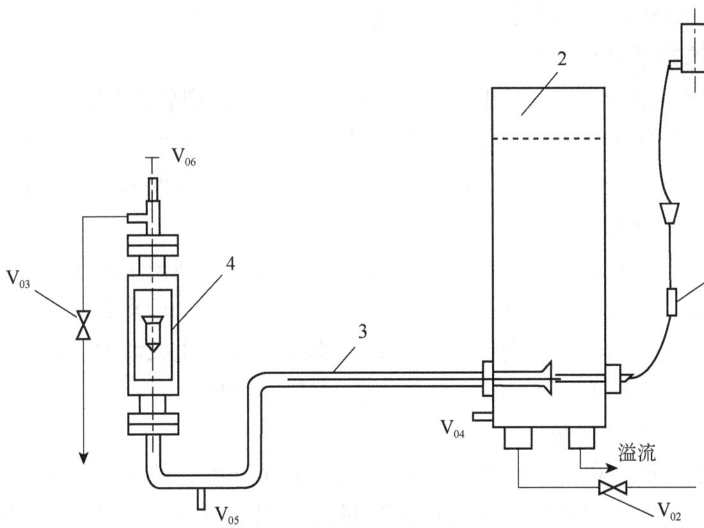

图 1.1　雷诺实验装置及流程

1. 示踪剂瓶；2. 稳压溢流水槽；3. 实验导管；4. 转子流量计；V_{01}. 示踪剂调节阀；V_{02}. 上水调节阀；V_{03}. 流量调节阀；V_{04}、V_{05}. 泄水阀；V_{06}. 排气阀

（三）实验试剂

示踪剂（蓝墨水）。

四、实验方法

扫码观看
实验操作视频

（一）实验准备

（1）加适量示踪剂（蓝墨水）于贮瓶内备用。

（2）开启自来水阀门，用自来水充满稳压溢流水槽并保持溢流，以保证实验中具有稳定的压头。

（3）打开流量调节阀 V_{03}，检查管路是否有水流出，如果没有水流出，则需将转子流量计上方管路中的空气用反冲方法排出。

（4）用温度计测定水温。

（二）验证性实验

1. 标定转子流量计

在保证溢流的前提下调节出口阀门，使管路中流量由小依次增大，对转子流量计进行标定，转子流量计转子恒定在某一刻度时的读数作为指示流量，再以秒表计时，以量筒测量通过水的体积，计算水的实际体积流量作为标定流量，分别进行 7 组实验操作并记录于表 1.1 中，制作流量标定曲线。

2. 观察稳定的层流流型

将流量调至最小值（40L/h），再精细地调节示踪剂管路阀，使示踪剂（蓝墨水）的流速与实验导管内主体的流速相近（一般以略低于主体流体的流速为宜），直至能观察到一条平直的蓝色细流为止，并将流型现象记录于表 1.2 中。

3. 测定下临界雷诺数

以 20L/h 左右流量间隔逐渐增大水的流量，每调节到一个流量后，应略停片刻，使流体流动平稳，记下转子流量计所示流量，文字记录墨水线流动形态特征。流量增大直至实验导管内直线流动的墨水线开始发生波动时，记下水的流量和温度，并记录于表 1.2 中，以供计算下临界雷诺数据。

4. 测定上临界雷诺数

继续以 20L/h 左右流量间隔缓慢地增加调节阀开度，使水流量平稳地增加。这时导管内流体的流型逐渐由层流向湍流过渡。当流量增大到某一数值后，示踪剂（蓝墨水）一进入实验导管，立即被分散呈烟雾状，这时表明流体的流型已进入湍流区域。记下转子流量计所示流量和水温，并记录于表 1.2 中，以供计算上临界雷诺数。这样的实验操作需反复进行数次（至少 5 或 6 次）以便取得较为准确的实验数据。

（三）自主性实验

（1）在层流流动时，利用示踪剂做出层流时速度沿径向分布的曲面，并画出该图形的平面图，研究速度沿径向分布规律。

（2）观察湍流流动时示踪剂的形状，绘制该形状的平面图，并沿径向根据流体流动状态分析流动区域。

（四）操作注意事项

（1）本实验用作示踪剂的蓝墨水，是从贮瓶经连接软管和注射针头注入实验导管的。应注意适当调节注射针头的位置，使针头位于管轴线上为佳；墨水的注射速度应与主体流体流速相近（略低些为宜），因此，随着水流速的增大，需相应地细心调节墨水注射流量，才能得到较好的实验效果。

（2）在实验过程中，应随时注意稳压溢流水槽的溢流水量。随着操作流量的变化，相应调节自来水给水量，防止稳压溢流水槽内液面下降或泛滥事故的发生。

（3）在整个实验过程中，切勿碰撞设备，操作时也要轻巧缓慢，以免干扰流体流动过程的稳定性。

（4）实验过程有一定滞后现象，因此，调节流量过程切勿操之过急，每调节一个流量，要有足够的稳定时间。状态稳定之后，再继续调节或记录数据。

五、实验结果

（一）验证性实验结果

（1）转子流量计标定曲线。根据表 1.1 实验数据绘制 y-x 图（以坐标纸或计算机绘制）。

表 1.1　转子流量计标定原始数据记录

实验序号	流量计读数 x/（L/h）	实测平均流量 y/（L/h）	标定曲线
1			
2			
3			
4			
5			
6			
7			

（2）描述不同流体流动状态下流型特点，将临界雷诺数测定的原始数据记录及处理结果填于表 1.2。

表 1.2　临界雷诺数测定的原始数据记录及处理结果

实验序号	指示流量 q_v/（L/h）	校正流量 q_v'/（L/h）	温度 T/℃	黏度 μ/（Pa·s）	密度 ρ/（kg/m^3）	流速 u/（m/s）	临界雷诺数 Re	实验现象	流型
1									
2									

续表

实验序号	指示流量 q_V/(L/h)	校正流量 q_V'/(L/h)	温度 T/℃	黏度 μ/(Pa·s)	密度 ρ/(kg/m³)	流速 u/(m/s)	临界雷诺数 Re	实验现象	流型
3									
4									
5									
6									
7									
8									
9									

（3）上临界点及下临界点的 Re 结果与分析。

（二）自主性实验结果

（1）自主性实验 1 的结果描述与分析。
（2）自主性实验 2 的结果描述与分析。

六、思考题

（1）在测量实际流量时，出水管的高度是否可以上下晃动？请写出理论依据。
（2）可否采用其他更简便的方法快速找出下临界点？
（3）上临界点流量与下临界点流量理论上有什么关系？如果已经测得上临界点，则下临界点如何通过简便的方法测取？重复多次找上下临界雷诺数时，最终得到的结果是具体的两个数值还是两个数值区间？
（4）如果将示踪剂导流针水平向下移动，所测临界雷诺数如何变化？如果将导流针分别向左、上、右平移，临界雷诺数的变化是否和向下平移相同？为什么？
（5）如果示踪剂导流针基点在中心位置，但由于安装时操作失误，导流针不处于水平位置，则所测临界雷诺数如何变化？
（6）沿径向方向处于中间区域的流体是否和其他两个区域有严格的分界面？该现象说明什么问题？
（7）分析湍流形成的曲面和层流形成的曲面有何不同？
（8）在该实验中，以稳压溢流水槽的溢流面为 1-1 截面（流体流动的上游截面），以管路的出水口为 2-2 截面（流体流动的下游截面），分析两个截面的总机械能由几部分组成，以及二者的大小关系和原因。

实验二　伯努利实验

问题导读（预习思考）

- 关闭出水口阀门，各测压管旋转时液位高度有无变化？这一现象说明什么？
- 伯努利方程有哪几种形式？
- 伯努利方程中，每一项的物理意义各是什么？
- 为什么说静力学方程是伯努利方程的特例？
- 伯努利方程的适用条件是什么？

一、实验目的

（1）通过实验验证不可压缩流体在管内流动时的机械能衡算方程——伯努利（Bernoulli）方程。

（2）通过实验加深对流体流动过程基本原理的理解。

二、实验原理

（一）Bernoulli 方程的表达式

对于在导管内做定态流动的不可压缩流体，当系统与环境之间无功的交换时，系统在流动过程中遵循机械能衡算方程。

若以单位质量流体为衡算基准，Bernoulli 方程表示为

$$gZ_1+\frac{p_1}{\rho}+\frac{1}{2}u_1^2=gZ_2+\frac{p_2}{\rho}+\frac{1}{2}u_2^2+\sum h_\mathrm{f}\qquad \mathrm{J/kg}\tag{2.1}$$

式中，gZ_1, gZ_2，流体的位能；

$\dfrac{p_1}{\rho},\dfrac{p_2}{\rho}$，流体的静压强能；

$\dfrac{1}{2}u_1^2,\dfrac{1}{2}u_2^2$，流体的动能；

$\sum h_{\mathrm{f}}$，流动系统内因阻力造成的能量损失。

若以单位重量流体为衡算基准，Bernoulli 方程又可表达为

$$Z_1+\frac{p_1}{\rho g}+\frac{u_1^2}{2g}=Z_2+\frac{p_2}{\rho g}+\frac{u_2^2}{2g}+\sum H_{\mathrm{f}} \qquad \text{m 液柱} \tag{2.2}$$

式中，Z_1，Z_2，流体的位压头；

$\frac{p_1}{\rho g}$，$\frac{p_2}{\rho g}$，流体的静压头；

$\frac{u_1^2}{2g}$，$\frac{u_2^2}{2g}$，流体的动压头；

$\sum H_{\mathrm{f}}$，流动系统内因阻力造成的压头损失；

$\frac{p_1}{\rho g}+\frac{u_1^2}{2g}$，$\frac{p_2}{\rho g}+\frac{u_2^2}{2g}$，冲压头。

式（2.1）和式（2.2）即为实际流体的 Bernoulli 方程。

（二）Bernoulli 方程的化简

1. 流体流经水平装置管道时的 Bernoulli 方程

当液体流经的系统为水平装置的管道时，式（2.1）和式（2.2）表达的 Bernoulli 方程可分别简化为

$$\frac{p_1}{\rho}+\frac{1}{2}u_1^2=\frac{p_2}{\rho}+\frac{1}{2}u_2^2+\sum h_{\mathrm{f}} \qquad \text{J/kg} \tag{2.3}$$

$$\frac{p_1}{\rho g}+\frac{u_1^2}{2g}=\frac{p_2}{\rho g}+\frac{u_2^2}{2g}+\sum H_{\mathrm{f}} \qquad \text{m 液柱} \tag{2.4}$$

即对于水平装置的管道：

$$\sum H_{\mathrm{f}}=\left(\frac{p_1}{\rho g}+\frac{u_1^2}{2g}\right)-\left(\frac{p_2}{\rho g}+\frac{u_2^2}{2g}\right)=\text{冲压头}_1-\text{冲压头}_2 \tag{2.5}$$

2. 流体处于静止状态时的 Bernoulli 方程

当流体处于静止状态时，式（2.1）和式（2.2）表达的 Bernoulli 方程可分别简化为

$$gZ_1+\frac{p_1}{\rho}=gZ_2+\frac{p_2}{\rho} \tag{2.6}$$

$$Z_1+\frac{p_1}{\rho g}=Z_2+\frac{p_2}{\rho g} \tag{2.7}$$

$$p_2-p_1=\rho g\,(Z_1-Z_2) \tag{2.8}$$

式（2.6）、式（2.7）和式（2.8）又称为流体静力学基本方程，是流体在静止条件下的 Bernoulli 方程。

三、实验器材

（一）实验用具

水银温度计、量筒、秒表、刻度尺。

（二）实验仪器

本实验装置为 CEA-F02 型伯努利实验仪。主要由试验导管、稳压溢流水槽和三对测压管所组成。试验导管为水平装置的变径圆管，沿程分三处设置测压管。每处测压管由一对并列的测压管组成，分别测量该截面处的静压头（$1^{\#}$、$3^{\#}$、$5^{\#}$）和冲压头（$2^{\#}$、$4^{\#}$、$6^{\#}$）。实验装置的流程如图 2.1 所示。液体由稳压溢流水槽流入试验导管，途经直径分别为 20mm、30mm 和 20mm 的管子，最后排出设备。流体流量由出口调节阀调节。流量需直接由计时称量测定。实验系统总压头 H=450mmH_2O。

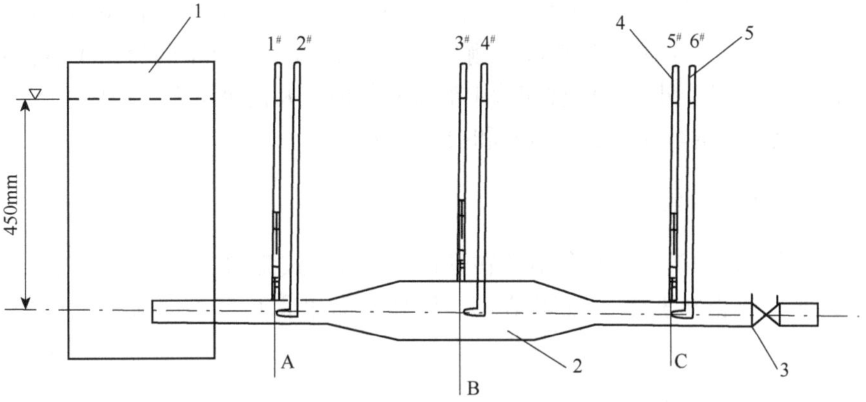

图 2.1　伯努利实验装置流程

1. 稳压溢流水槽；2. 试验导管；3. 出口调节阀；4. 静压头测量管；5. 冲压头测量管；A～C. 管路三个测压截面

四、实验方法

扫码观看
实验操作视频

（一）实验准备

（1）实验前，开启进水阀，将水充满稳压溢流水槽保持溢流，并使槽内液面平稳不变。

（2）排尽设备内的空气泡。

（二）验证性实验

1. 读取设备的零基点

关闭进、出口调节阀，观察并记录液体处于静止状态下各测试点（A、B 和 C 三点）处左右两玻璃管中液位的数值，作为实验的零基点，并记录于表 2.1 中。

2. 验证流体静力学基本方程

（1）打开出口调节阀，使溢流水槽中的水位降低至任一位置，然后关闭出口调节阀，观察并记录此时各测试点（A、B 和 C 三点）处左玻璃管中液位的数值，并记录于表 2.2 中，结合零基点换算成各测试点的静压强。比较各测试点静压强之间的相互关系。

（2）上述过程重复两次，并记录于表 2.2 中。分别比较在不同的水槽液位下各测试点压强之间的关系。

3. 流体流经水平管道时的 Bernoulli 方程的验证

（1）重新开启进水调节阀注满稳压溢流水槽，并始终保持适宜的溢出量稳压。

（2）将出口调节阀缓慢调节，出口阀开度依次由小到大（保证溢流的前提下），整个实验选 5 或 6 个流量。测量并记录流体在每个不同流量下各测试点（A、B 和 C 三点）处左右两玻璃管中液位的数值，并记录于表 2.3 中，分别计算出各测试点对应的静压头、冲压头和损失压头。

（三）自主性实验

调节管路出口流量，使得流体在管路以层流方式流动，通过设定并测定相关实验数据，依据实验数据处理结果，计算该简单管路在不同流速下局部阻力总和。

（四）操作注意事项

（1）实验前一定要将管路中的空气泡排除干净，否则会干扰实验现象和测量的准确性。

（2）实验过程中要在保证溢流的前提下，确定最小和最大流量。

五、实验结果

（一）验证性实验结果

（1）由于仪器自带刻度尺安装时有误差，因此需测量各测试截面刻度尺的零基点并记录于表 2.1 中，作为校准读数时的依据。

表 2.1　测试截面刻度尺零基点记录表

测试截面零基点校正/mm					
A		B		C	
左管	右管	左管	右管	左管	右管

（2）流体静力学基本方程的验证，数据记录于表 2.2。

表 2.2　不同液位下验证静力学基本方程的原始数据记录及处理

实验序号	各测试点的左管读数			各测试点的静压头			各测试点的静压强		
	A	B	C	$\frac{p_A}{\rho g}$ /mmH$_2$O	$\frac{p_B}{\rho g}$ /mmH$_2$O	$\frac{p_C}{\rho g}$ /mmH$_2$O	p_A / Pa	p_B / Pa	p_C / Pa
1									
2									
3									

（3）流体流经水平装置管道时的 Bernoulli 方程的验证，数据记录于表 2.3。

表 2.3　Bernoulli 方程验证实验数据记录

实验序号		1	2	3	4	5	6
静压头	A 截面左管读数/mm						
	B 截面左管读数/mm						
	C 截面左管读数/mm						
	$\frac{p_A}{\rho g}$ /mmH$_2$O						
	$\frac{p_B}{\rho g}$ /mmH$_2$O						
	$\frac{p_C}{\rho g}$ /mmH$_2$O						

续表

实验序号		1	2	3	4	5	6
冲压头	A 截面右管读数/mm						
	B 截面右管读数/mm						
	C 截面右管读数/mm						
	$\frac{p'_A}{\rho g}$ /mmH$_2$O						
	$\frac{p'_B}{\rho g}$ /mmH$_2$O						
	$\frac{p'_C}{\rho g}$ /mmH$_2$O						
损失压头	$H_{f_{A-B}}$ / mmH$_2$O						
	$H_{f_{B-C}}$ / mmH$_2$O						
	$H_{f_{A-C}}$ / mmH$_2$O						

（二）自主性实验结果

自主性实验结果记录于表 2.4 中。

表 2.4　自主性实验结果

序号	流速/（m/s）	*Re*	直管阻力系数 λ	总阻力损失/m	局部总阻力损失/m
1					
2					
3					
4					
5					
6					

六、思考题

（1）为什么能量损失是沿着流动的方向增大的？

（2）为什么在实验过程中要保持水箱中的水溢流？

（3）为什么实验前要将试验导管和测压管中的空气泡排除干净？

（4）自主性实验中，局部阻力由几部分组成？

实验三　管路流体阻力的测定

问题导读（预习思考）

- 层流时阻力系数如何计算？湍流时阻力系数和哪些物理量有关？
- 流体以定常态流动，分别流经等长且等径的水平管段和垂直管段，其阻力损失是否相等？
- 局部阻力损失计算有哪三种方法？
- 圆形直管的阻力损失与流速的关系是什么？在什么情况下阻力损失与流速的平方成正比？

一、实验目的

（1）实验测定摩擦系数 λ 和局部阻力系数 ζ。

（2）通过实验了解 λ 与 ζ 的影响因素。

（3）进一步理解管路流体阻力测定的方法。

二、实验原理

（一）实际不可压缩流体在管路系统中流动产生的阻力测定原理

由于管路系统中存在着各种阻力，因此流体在管路中流动时实际会产生能量损耗（即压头损失），用 $\sum h_f$ 或 $\sum H_f$ 表示。当不可压缩流体在圆形导管中从任意的截面 1 流至截面 2 时，流体在两截面之间产生的能量损失可按式（3.1）或式（3.2）计算：

$$gZ_1+\frac{p_1}{\rho}+\frac{u_1^2}{2}=gZ_2+\frac{p_2}{\rho}+\frac{u_2^2}{2}+\sum h_f \qquad \text{J/kg} \qquad (3.1)$$

或

$$Z_1+\frac{p_1}{\rho g}+\frac{u_1^2}{2g}=Z_2+\frac{p_2}{\rho g}+\frac{u_2^2}{2g}+\sum H_f \qquad \text{m 液柱} \qquad (3.2)$$

上两式中，Z，流体的位压头，m 液柱；

p，流体的压强，Pa；

u，流体的平均流速，m/s；

ρ，流体的密度，kg/m^3；

$\sum h_{\mathrm{f}}$，单位质量流体因流体阻力造成的能量损失，J/kg；

$\sum H_{\mathrm{f}}$，单位重量流体因流体阻力造成的能量损失，即压头损失，m 液柱；

下标 1 和 2 分别表示上游和下游截面上的数值。

假如：①水作为试验物系，则水可视为不可压缩流体；②试验导管是按水平装置的，则 $Z_1=Z_2$；③试验导管的上下游截面上的横截面积相同，则 $u_1=u_2$。则式（3.1）和式（3.2）可分别简化为

$$\sum h_{\mathrm{f}}=\frac{p_1-p_2}{\rho}\quad \mathrm{J/kg}\tag{3.3}$$

$$\sum H_{\mathrm{f}}=\frac{p_1-p_2}{\rho g}\quad \text{m 液柱}\tag{3.4}$$

由此可见，因阻力造成的能量损失（压头损失），可由管路系统的两截面之间的压力差（压头差）来测定。

（二）圆形直管管路中各种阻力的计算

管路中的各种阻力可分为直管阻力和局部阻力两大类，即：

$$\sum h_{\mathrm{f}}=h_{\mathrm{f}}+h_{\mathrm{f}}'\tag{3.5}$$

$$\sum H_{\mathrm{f}}=H_{\mathrm{f}}+H_{\mathrm{f}}'\tag{3.6}$$

上两式中，h_{f}，H_{f}，表示直管阻力损失；

h_{f}'，H_{f}'，表示局部阻力损失。

1. 直管阻力损失（h_{f} 或 H_{f}）的计算

当流体在圆形直管内流动时，流体因摩擦阻力所造成的能量损失（压头损失）计算如下：

$$h_{\mathrm{f}}=\frac{p_1-p_2}{\rho}=\lambda\cdot\frac{l}{d}\cdot\frac{u^2}{2}\quad \mathrm{J/kg}\tag{3.7}$$

或

$$H_{\mathrm{f}}=\frac{p_1-p_2}{\rho g}=\lambda\cdot\frac{l}{d}\cdot\frac{u^2}{2g}\quad \text{m 液柱}\tag{3.8}$$

上两式中，d，圆形直管的管径，m；

l，圆形直管的长度，m；

λ，摩擦系数，无因次。

摩擦系数 λ 与雷诺数和管壁相对粗糙度（ε/d）存在函数关系，即：

$$\lambda=f\left(Re,\ \frac{\varepsilon}{d}\right) \tag{3.9}$$

当 $Re<2000$ 时，摩擦系数 λ 与管壁粗糙度 ε 无关。当流体在直管中呈湍流时，λ 不仅与雷诺数有关，而且与管壁相对粗糙度有关。

2. 局部阻力损失（h'_{f} 或 H'_{f}）的计算

当流体流过管路系统时，因遇各种管件、阀门和测量仪表等而产生局部阻力，所造成的能量损失（压头损失）计算如下：

$$h'_{\mathrm{f}}=\zeta\frac{u^2}{2}\qquad \text{J/kg} \tag{3.10}$$

或

$$H'_{\mathrm{f}}=\zeta\frac{u^2}{2g}\qquad \text{m 液柱} \tag{3.11}$$

上两式中，u，连接管件等的直管中流体的平均流速，m/s；

ζ，局部阻力系数，无因次。

由于造成局部阻力的原因和条件极为复杂，各种局部阻力系数的具体数值都需要通过实验直接测定。

三、实验器材

（一）实验用具

水银温度计。

（二）实验仪器

本实验采用 CEA-F03 型管路流体阻力实验仪，主要是由循环水系统（或高位稳压水槽）、试验管路系统和高位排气水槽串联组合而成。每条测试管的测压口通过转换阀组与压差计连通。

压差由一倒置“U”形水柱压差计显示。孔板流量计的读数由另一倒置“U”形水柱压差计显示。该装置的流程如图 3.1 所示。

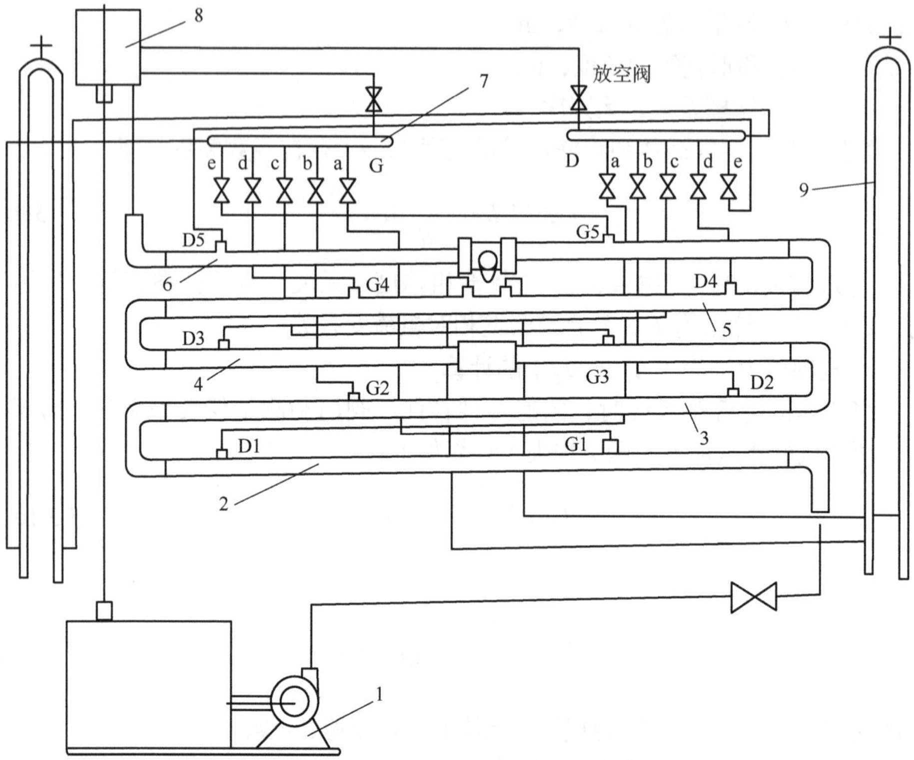

图 3.1　管路流体阻力实验装置流程图

1. 循环水泵；2. 光滑试验管；3. 粗糙试验管；4. 扩大与缩小试验管；
5. 孔板流量计；6. 阀门；7. 转换阀组；8. 高位排气水槽；9. 倒置“U”形水柱压差计；a～e. 阀门

试验管路系统是由 5 条玻璃直管平行排列，经“U”形弯管串联连接而成。每条直管上分别配置光滑试验管、粗糙试验管、扩大与缩小试验管、阀门和孔板流量计。每根试验管的测试段长度，即两个测压口距离均为 0.6m。流程图中标出的符号 G 和 D 分别表示上游测压口（高压侧）和下游测压口（低压侧）。测压口位置的配置，应保证上游测压口距“U”形弯管接口的距离，以及下游测压口距造成局部阻力处的距离，均大于 50 倍管径。

用循环水泵将试验用水由循环水槽送入试验管中系统，由下而上依次流经各种流体阻力试验管，最后流入高位排气水槽。由高位排气水槽溢流出来的水返回循环水槽。水在试验管路中的流速可通过调节阀加以调节。流量由试验管路中的孔板流量计测量，并由压差计显示读数。

仪器主要参数及规格如表 3.1 所示。

表 3.1　仪器主要参数及规格

参数		规格
水平直管	测压口水平间距	600mm
	规格	Φ23mm×1.5mm
粗糙管	绝对粗糙度	0.4mm
	相对粗糙度	0.023 5
孔板流量计	孔径	12mm
	孔流系数	0.661 3
旋塞阀	孔径	12mm

四、实验方法

扫码观看
实验操作视频

（一）实验准备

（1）将水灌满循环水槽，关闭导管入口的调节阀，启动循环水泵。待泵运转正常后，将试验导管中的旋塞阀全部打开，关闭转换阀组中的全部旋塞，缓慢开启试验导管的入口调节阀。当水流满整个试验导管，并在高位排气水槽中有溢流水排出时，关闭出口调节阀，停泵。

（2）排除试验导管和连接管线中存在的空气泡。具体方法是：先将转换阀组中被检一组测压口旋塞打开，然后打开倒置“U”形水柱压差计顶部的放空阀，直至排尽空气泡再关闭放空阀。必要时可在流体流动状态下，按上述方法排除空气泡。

（3）调节倒置“U”形压差计的水柱高度。将转换阀组上的旋塞全部关闭，打开压差计顶部放空阀，再缓慢开启转换阀组中的放空阀，直至压差计中的水柱高度居于标尺中间部位时，关闭转换阀组中的放空阀。

（4）在高位排气水槽中悬挂一支温度计，用以测量水的温度。

（二）验证性实验

（1）试验导管中旋塞阀置于全开位置，其余测压旋塞阀和试验系统入口调节阀全部关闭。然后启动循环水泵。待泵运转正常后，缓慢开启调节阀调节流量，流量大小由孔板流量计的压差计显示。

（2）在孔板流量计压差指示范围内分别调节 6～8 个流量。测定每个流量下流体从 G 截面流到 D 截面 5 根测试管的 λ 或者 ζ。具体操作如下。

缓慢开启流量调节阀，根据孔板流量计的压差计显示的大小，逐渐增大流量，均匀取 6～8 个流量。压差计显示的读数值记录于表 3.2 中，然后根据孔板流量计的孔流系数换算出实际流量值。

每调节到一个流量，待流量稳定后，将转换阀组中与需要测定管路相连的一组旋塞阀置于全开位置。这时测压口与倒置“U”形水柱压差计接通，即可记录由压差计显示出的压强降，即测定管路中产生的阻力损失；当需改换测试部位时，只需将转换阀组由一组旋塞阀切换为另一组旋塞阀。例如，将 G1 和 D1 一组旋塞阀关闭，打开另一组 G2 和 D2 旋塞阀。这时，压差计与 G1 和 D1 测压口断开，而与 G2 和 D2 测压口接通，压差计显示读数即为第二支测试管的阻力损失。依次类推。同时记录水温。

改变流量，重复上述操作，并记录于表 3.2 中，测得各试验导管中不同流速下的阻力损失。

（三）自主性实验

实验仪器中各个直管由直角弯头连接，利用实验仪器测定直角弯头的阻力系数，实验数据及处理记录于表 3.3 中。

（四）操作注意事项

（1）实验前务必将系统内的气泡排除干净，否则实验不能达到预期效果。

（2）测定旋塞阀在同一流量下不同开度的流体阻力时，由于旋塞阀开度变小，流量必然会随之下降，为了保持流量不变，需将入口调节阀进行相应调节。

五、实验结果

（一）验证性实验结果

将相关验证性实验结果记录于表 3.2。

表 3.2　不同流量下测定 5 根测试管路的 λ 或 ζ 的原始数据记录及整理

实验序号	1	2	3	4	5	6
孔板流量计的压差计读数 R/mmH$_2$O						
流量 q_V /（m^3/s）						
流速/（m/s）						
雷诺数 Re						
光滑管压头损失 H_{f1} / mmH$_2$O						
粗糙管压头损失 H_{f2} / mmH$_2$O						

续表

实验序号	1	2	3	4	5	6
扩大、缩小压头损失 H_{f3} / mmH_2O						
孔板流量计压头损失 H_{f4} / mmH_2O						
旋塞的压头损失（全开）H_{f5} / mmH_2O						
光滑管摩擦系数 λ_1						
粗糙管摩擦系数 λ_2						
扩大、缩小局部阻力系数 ζ_1						
孔板流量计局部阻力系数 ζ_2						
旋塞的局部阻力系数（全开）ζ_3						

数据处理过程：标绘 Re-λ 和 Re-ζ 实验曲线（以坐标纸或计算机作图绘出）。

（二）自主性实验结果

将相关自主性实验结果记录于表 3.3。

表 3.3　自主性实验数据记录及处理

实验序号	1	2	3	4	5	6
测压点压强差/mmH_2O						
测压点高度差/mm						
管内流速/（m/s）						
直管长度/m						
直角弯头阻力系数						

六、思考题

（1）如何检测管路中的空气是否已经被排除干净？

（2）以水测得的 Re-λ 关系能否适用于其他流体？如何应用？

（3）为什么对于圆形直管，流体阻力系数随雷诺数变化而变化，而对于局部阻力计算时，阻力系数为一常数？

实验四　离心泵特性曲线的测定

问题导读（预习思考）

- 离心泵特性参数涉及哪些物料参数？各自对离心泵性能的影响关系是什么？
- 离心泵特性曲线有几条？各条曲线的特点是什么？
- 离心泵的基本结构由哪几部分组成？启泵时注意事项都是什么？

一、实验目的

（1）通过实验了解离心泵的构造、安装流程和正常的操作过程。

（2）通过实验测定在一定转速下离心泵的特性曲线。

（3）掌握离心泵各项主要特性及其相互关系。

二、实验原理

（一）离心泵的主要特性参数

离心泵主要特性参数有流量（q_V）、扬程（H_e）、轴功率（P）和效率（η）。

1. 流量

泵的流量又称送液能力，是指单位时间（t）内泵所输送的液体体积（V）。单位为 m^3/s、m^3/min 或 m^3/h。公式为

$$q_V = \frac{V}{t} \quad m^3/s \tag{4.1}$$

2. 扬程

泵的扬程又称压头，是指单位重量（1N）液体流经泵所获得的能量。单位为 m 液柱。

若以泵的压出管路中装有压力表处为 B 截面，以吸入管路中装有真空表处为 A 截面，在两截面之间列 Bernoulli 方程，即可得出泵扬程的计算公式：

$$H_e = H_0 + \frac{p_B - p_A}{\rho g} + \frac{u_B^2 - u_A^2}{2g} \quad \text{m} \tag{4.2}$$

式中，H_0，泵的压力表和真空表垂直间距，m；

p_A、p_B，A、B 截面处压强，Pa；

u_A、u_B，A、B 截面处流体流速，m/s；

ρ，流体密度，kg/m^3；

g，重力加速度，m/s^2。

3. 轴功率

泵的轴功率是指电动机传给泵轴的功率。可直接由输入电压 U 和电流 I 测得，即：

$$P = UI \tag{4.3}$$

4. 效率

1）有效功率（P_e）

泵的有效功率是指在单位时间内，液体从泵中叶轮获得的有效能量，即：

$$P_e = q_V \rho g H_e \tag{4.4}$$

式中，q_V，流量，m^3/s；

ρ，流体密度，kg/m^3；

g，重力加速度，m/s^2；

H_e，扬程，m。

2）泵的效率（η）

离心泵工作时，泵内存在各种功率损失，致使从电动机输入的轴功率 P 不能全部转变为液体的有效功率 P_e，二者之差即为泵内损失功率，其大小用泵效率 η 来衡量，即：

$$\eta = \frac{P_e}{P} \tag{4.5}$$

（二）泵的特性曲线

离心泵的特性曲线是指离心泵的 H_e、P、η 与 q_V 之间的关系曲线。其数值通常是在恒定转速和标况下测定的，能够准确全面地表征离心泵的性能，如图 4.1 所示。

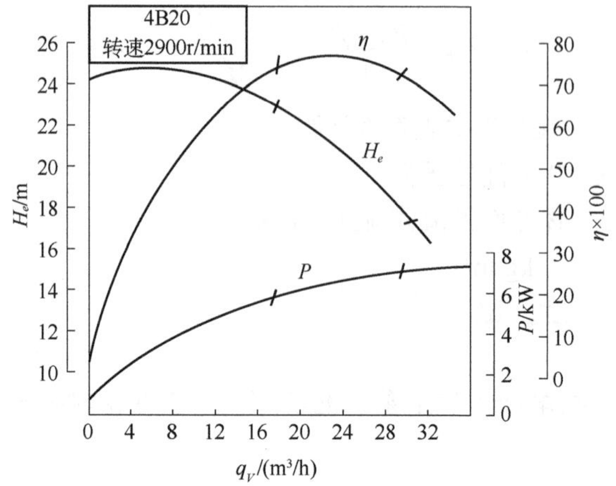

图 4.1 离心泵的特性曲线

三、实验器材

本实验采用 BLXB-SB 型离心泵实验仪。实验装置及其流程图如图 4.2 所示。泵将循环水槽中的水通过吸入导管吸入泵体，在吸入导管上端装有真空表，下端装有底阀（单向阀）。底阀的作用是当注水槽向泵体内注水时，防止水的漏出。水由泵的出口进入压出导管。压出导管沿程装有压力表、调节阀和涡轮流量计。由压出导管流出的水流回循环水槽。

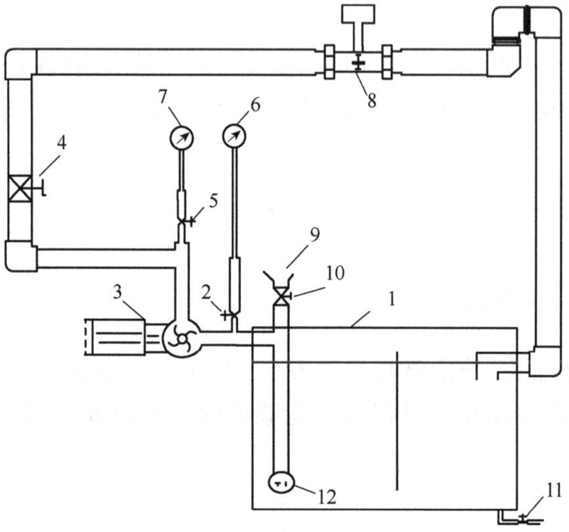

图 4.2 离心泵特性测定流程示意图

1. 水箱；2. 泵入口真空表控制阀；3. 离心泵；4. 流量调节阀；5. 泵出口压力表控制阀；6. 泵入口真空表；7. 泵出口压力表；8. 涡轮流量计；9. 灌泵入口；10. 灌水控制阀门；11. 排水阀；12. 底阀

四、实验方法

扫码观看
实验操作视频

（一）实验准备

1. 充水和灌泵

打开水源注满循环水槽，并保证有适量水溢出。关闭出口调节阀门，打开注水阀，将水灌入泵中，将泵内空气排除。当从透明端盖中观察到泵内已灌满水后，将注水阀门关闭，检查泵的铭牌，确定该泵的高效区对应流量。

2. 启动泵和运行检查

启动前，先确认泵出口调节阀关闭，点动离心泵，确认电机带动叶轮一起转动，表明没有卡泵现象，再正常开启离心泵，叶轮旋转应无振动和噪声，功率表、压力表、真空表、温度显示、流量计指示稳定，表明运行已经正常，即可投入实验。

（二）验证性实验

（1）将阀门由小逐步开大，确定流量计最大流量，结合高效区流量，确定实验进行流量区间。

（2）调节阀门，在流量区间调节 8～12 组流量，分别记录真空表读数、压力表读数、流量计读数、轴功率读数、温度，并记录于表 4.1 中。

（3）实验结束，依次关闭离心泵开关和仪表盘电源，阀门复位。

（三）自主性实验

自选一种能溶于水的溶质，改变水的黏度，使用相同的操作，求取离心泵在该状态下的特性曲线。

（四）操作注意事项

（1）初次启泵需要点启动以排除卡泵现象。

（2）每转换一次流量，需等数值稳定后再记录数据。

（3）自主性实验选取的溶质不应具有腐蚀性。

五、实验结果

（一）验证性实验结果

将相关验证性实验结果记录于表 4.1，并绘制离心泵特性曲线。

表 4.1　实验原始数据记录及处理结果表

实验序号	流量 q_V /（m^3/h）	轴功率 P/kW	温度/℃	压力表读数 p_B /kPa	真空表读数 p_A /kPa	扬程 H_e/m	效率 η /%
1							
2							
3							
4							
5							
6							
7							
8							

（二）自主性实验结果

绘制改变水的黏度后的离心泵特性曲线。

六、思考题

（1）离心泵的汽蚀现象产生的原因是什么？

（2）实际生产中，由于温度变化对液体的黏度影响较大，结合自主性实验结果，讨论黏度是如何影响离心泵特性曲线的？

（3）结合该实验离心泵启动注意事项，延伸思考工业生产中动设备（如风机、压缩机）的启动注意事项是什么？

（4）离心泵的叶轮种类有哪些？输送黏度不同、浓度较低的悬浮液时，分别使用哪种叶轮比较合适？

（5）离心泵的特性还有哪些物理量？

实验五　恒压（板框）过滤常数的测定

问题导读（预习思考）

- 生产中常采用的过滤方式是什么？
- 通过过滤实验测取过滤常数，有什么实际意义？
- 恒压过滤时，增加过滤速率的措施有哪些？

一、实验目的

（1）了解过滤设备的构造及掌握操作方法。
（2）掌握过滤问题的简化工程处理方法。
（3）学习过滤方程式中过滤常数的测定方法。
（4）学习滤饼的压缩指数 s 和物料特性常数 k 的测定方法。
（5）通过对过滤常数的测定，比较压力和温度的影响。

二、实验原理

（一）过滤

过滤是利用过滤介质进行液-固相分离的过程。过滤操作通常分为恒压过滤和恒速过滤。在过滤过程中，由于固体颗粒不断被截留在介质表面上，滤饼厚度增加，液体流过固体颗粒之间的孔道加长，使流体阻力增大，过滤速率随时间逐渐下降的过滤过程称为恒压过滤。在过滤过程中，把过滤速率不随时间发生变化的过滤过程称为恒速过滤。

（二）恒压过滤基本方程

恒压过滤方程：

$$(V+V_e)^2 = KA^2(\theta+\theta_e) \tag{5.1}$$

令 $q=V/A$，$q_e=V_e/A$，则式（5.1）改写为

$$(q+q_e)^2 = K(\theta+\theta_e) \tag{5.2}$$

上两式中，V，滤液体积，m^3；

θ，过滤时间，s；

V_e，过滤介质的当量滤液体积，m^3；

θ_e，与得到当量滤液体积 V_e 相对应的过滤时间，s；

q，过滤时间为 θ 时，单位过滤面积得到的滤液量，m^3/m^3；

q_e，设想形成一层滤饼，其阻力与过滤介质阻力相等时，单位过滤面积通过的滤液量，m^3/m^3；

A，过滤面积，m^2。

式（5.1）和式（5.2）中，K 表示过滤常数，单位为 m^2/s，包含物料特性常数 k 和操作压力 Δp 参数，计算公式为

$$K = \frac{2\Delta p^{1-s}}{\mu r_0 v} = 2k\Delta p^{1-s} \tag{5.3}$$

式中，Δp，滤饼两侧压力差，N/m^2；

s，滤饼压缩指数；

k，表征过滤物料的特性常数，$m^4/N \cdot s$ 或 $m^2/Pa \cdot s$，对于一定的悬浮液是常数；

μ，滤液黏度，Pa · s；

r'，单位压力下滤饼的比阻，$1/m^2$；

v，过滤单位滤液体积时生成的滤饼体积，m^3/m^3。

通常在恒压条件下过滤某种物料时，会形成不可压缩滤饼，过滤常数 K、V_e（或 q_e）和 θ_e 都是常数，可以通过实验进行测定。

（三）恒压过滤基本方程中常数 K、q_e 和 θ_e 的测定

式（5.2）微分并整理得

$$2(q+q_e)\mathrm{d}q = K\mathrm{d}\theta \tag{5.4}$$

即：

$$\frac{\mathrm{d}\theta}{\mathrm{d}q} = \frac{2}{K}q + \frac{2}{K}q_e \tag{5.5}$$

将式（5.5）左侧的导数用差分代替，则成为

$$\frac{\Delta\theta}{\Delta q} = \frac{2}{K}\bar{q} + \frac{2}{K}q_e \tag{5.6}$$

式（5.6）为一直线方程，它表明在恒定压力下过滤悬浮液，测定出不同的

过滤时间 θ 和滤液累计量 q 的数据，然后算出一系列 $\Delta\theta$ 与 Δq 的对应值，在普通坐标纸上以 $\Delta\theta/\Delta q$ 为纵坐标，用 $\bar{q}$ ［取两次测定 q 的平均值，即 $\bar{q}=(q_i+q_{i+1})/2$ ］为横坐标作图，可以得到一直线，其斜率为 $2/K$，截距为 $2q_e/K$。由此求得 K，q_e，再通过下式求出 θ_e：

$$\theta_e=\frac{q_e^2}{K} \tag{5.7}$$

（四）滤饼的压缩指数 s 和物料特性常数 k 的测定方法

过滤常数的定义式：

$$K=2k\Delta p^{1-s} \tag{5.8}$$

两边取对数：

$$\lg K=(1-s)\lg\Delta p+\lg(2k) \tag{5.9}$$

因 $k=\dfrac{1}{\mu r'v}$，为一常数，故 K 与 Δp 的关系在对数坐标上标绘时应是一条直线，直线的斜率为 $1-s$，由此可得滤饼的压缩指数 s，然后代入式（5.9）求得物料特性常数 k。

三、实验器材

（一）实验用具

秒表、量筒、不锈钢盆、试管刷。

（二）实验仪器

本实验采用装置为 BHGL-BK 型板框压滤机。实验装置主要由反洗水箱、滤浆槽、搅拌装置、过滤机组、旋涡泵等部分组成，如图 5.1 所示。滤浆槽内配有一定浓度的轻质碳酸钙悬浮液（浓度在 3%～5%），用电动搅拌器进行均匀搅拌（以浆液不出现旋涡为好）。启动旋涡泵，调节阀门 V5 使压力表指示在规定值。滤液量在计量桶内计量。实验装置中过滤、洗涤管路分布如图 5.2 所示，主要技术参数如表 5.1 所示，设备仪表面板示意图如图 5.3 所示。

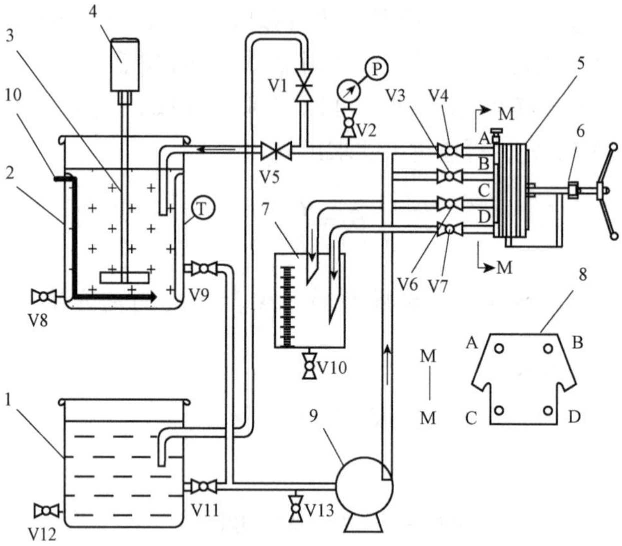

图 5.1　恒压过滤常数测定实验流程示意图

1. 反洗水箱；2. 滤浆槽；3. 搅拌叶片；4. 搅拌电机；5. 过滤机组；6. 压紧装置；7. 滤液水槽；8. 过滤板；9. 旋涡泵；10. 加热器；Ⓣ. 温度计；Ⓟ. 过滤压力；V1～V13，A～D. 阀门；M. 右视图方向指示

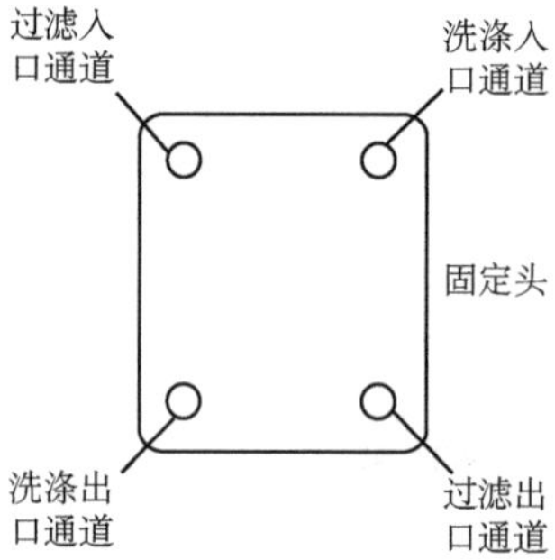

图 5.2　板框过滤机固定头管路分布图

表 5.1　实验设备主要技术参数

序号	名称	规格	材料
1	搅拌器	型号 KDZ-1	—
2	过滤板	160mm×180mm×11mm	不锈钢
3	滤布	工业用	—
4	过滤面积	0.047 5m^2	—
5	计量桶	长 327mm、宽 286mm	有机玻璃

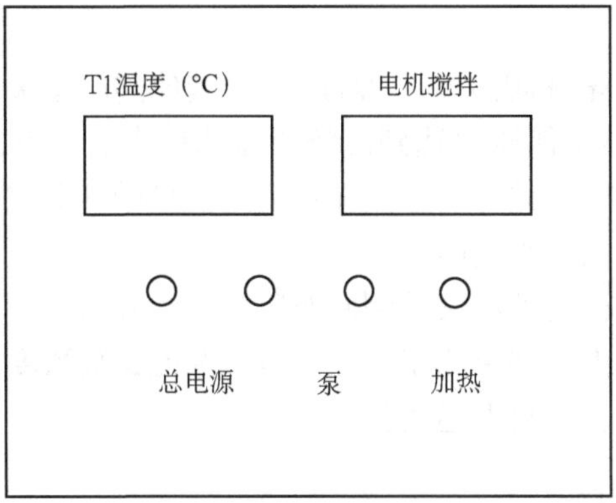

图 5.3　设备仪表面板示意图

（三）实验试剂

碳酸钙。

四、实验方法

扫码观看
实验操作视频

（一）实验准备

（1）配比好滤液浓度（浓度在 3%～5%），系统接上电源，开启总电源，开启搅拌，搅拌转速在 30rpm 左右，使滤液搅拌均匀。

（2）在滤液水槽中加入一定高度液位的水（水位在标尺 50mm 处即可）。

（3）板框过滤机板、框排列顺序为固定头—非洗涤板（•）—框（⁚）—洗涤板（⁝）—框（⁚）—非洗涤板（•）—可动头。将滤布和硅胶垫按顺序放好，用压紧装置压紧后待用。

（二）验证性实验

1. 过滤实验

（1）阀门 V5、V9、C、D 全开，其他阀门全部关闭。启动旋涡泵，打开阀门 V2，利用料液回水阀 V5 调节压力，使压力达到规定值。

（2）待压力表数值稳定后，打开过滤后滤液入口阀 A 开始过滤。当滤液水槽内见到第一滴液体时开始计时，记录滤液每增加 10mm 高度所用的时间。实验中保持压力恒定，当滤液槽读数为 160mm 时停止计时，并立即关闭阀门 A。

（3）打开阀门 V5 使压力表指示值下降，关闭旋涡泵。

（4）换一个操作压强重复上述过程。实验重复 3 或 4 次。

2. 洗涤实验

（1）洗涤实验时全开阀门 V1、V11、C，其他阀门全关。启动旋涡泵，打开阀门 V2，调节阀门 V1 使压力达到洗涤所需的压力。打开洗涤入口阀门 B，等滤液水槽有液体流下时开始计时，洗涤量为过滤量的四分之一。实验结束后，放出滤液槽内的滤液到反洗水箱内。

（2）放出滤液水槽内的滤液并倒回滤浆槽内，开启压紧装置将过滤框里面的滤饼打碎放回原料桶内，并将滤布清洗干净，保证滤浆浓度恒定。

（3）改变压力值，重复上述实验。

（三）自主性实验

（1）在过滤操作中，设置不同过滤温度，测定温度对过滤常数的影响。

（2）通过实验说明当操作压力增加一倍时，如果要得到同样重量的过滤液，其过滤时间如何变化?

（3）在洗涤过程中，设置一定洗水量，通过实验测定洗涤时间，与理论计算值进行比较并分析。

（四）操作注意事项

（1）过滤板与过滤框之间的密封垫注意要放正，过滤板与过滤框上面的滤液进出口要对齐。滤板与滤框安装完毕后要用摇柄把过滤设备压紧，以免漏液。

（2）滤液槽的流液管口应紧贴桶壁，防止液面波动影响读数。

（3）由于电动搅拌器为无级调速，使用时首先接上系统电源，打开调速器开关，调速钮一定要由小到大缓慢调节，切勿反方向调节或调节过快，以免损坏电机。

（4）启动搅拌前，用手旋转一下搅拌轴以保证启动顺利。

五、实验结果

（一）验证性实验结果

（1）恒压过滤常数的测定。根据表 5.2～表 5.4 实验数据绘制 $\frac{\Delta\theta}{\Delta q}-\bar{q}$ 图（以坐标纸或计算机绘制）。作图法求恒压条件下的 K 、q_e 和 θ_e ，分别记录于表 5.5 中。

表 5.2　真空度 ΔP_1= ____MPa

实验序号	1	2	3	4	5	6	7
计量筒刻度/mm							
滤液体积 V/mL							
q/（mL/ cm^2）							
Δq/（mL / cm^2）							
时间 θ/s							
$\Delta\theta$/s							
$\frac{\Delta\theta}{\Delta q}$ /（s • cm^2/ mL）							
$\bar{q}$ /（mL / cm^2）							

表 5.3　真空度 ΔP_2= ____MPa

实验序号	1	2	3	4	5	6	7
计量筒刻度/mm							
滤液体积 V/mL							
q/（mL/ cm^2）							
Δq（mL / cm^2）							
时间 θ/s							
$\Delta\theta$/s							
$\frac{\Delta\theta}{\Delta q}$ /（s • cm^2/ mL）							
$\bar{q}$ /（mL / cm^2）							

表 5.4　真空度 ΔP_3= ____MPa

实验序号	1	2	3	4	5	6	7
计量筒刻度/mm							
滤液体积 V/mL							
q/（mL/ cm^2）							
Δq/（mL / cm^2）							
时间 θ/s							
$\Delta\theta$/s							
$\frac{\Delta\theta}{\Delta q}$ /（s • cm^2/ mL）							
$\bar{q}$ /（mL / cm^2）							

表 5.5 数据处理结果（求算 K，q_e，θ_e）

真空度/MPa	数据处理	
	斜率 $\frac{2}{K_1}$	
	截距 $\frac{2}{K_1}q_{e1}$	
	K/（m^2/s）	
	q_{e1} /（m^3/m）	
	θ_{e1}/s	
	斜率 $\frac{2}{K_2}$	
	截距 $\frac{2}{K_2}q_{e2}$	
	K/（m^2/s）	
	q_{e2} /（m^3/m）	
	θ_{e2}/s	
	斜率 $\frac{2}{K_3}$	
	截距 $\frac{2}{K_3}q_{e3}$	
	K/（m^2/s）	
	q_{e3} /（m^3/m^2）	
	θ_{e3}/s	
压缩指数 s		
物料特性常数 k		

（2）不同压强差下恒压过滤常数的测定结果及分析。

（3）在直角坐标纸上绘制 lg K-lg Δp 关系曲线，计算滤饼的压缩指数 s。

（二）自主性实验结果

（1）不同过滤温度下恒压过滤常数的测定结果及分析。

（2）一定洗水和洗涤条件下的洗涤时间测定及结果分析。

六、思考题

（1）板框过滤机的优缺点分别是什么？适用于什么场合？

（2）板框过滤机的操作分哪几个阶段？

（3）为什么过滤开始时滤液常常有一点浑浊，过段时间才能澄清？

（4）滤浆浓度和过滤压强对 K 值有何影响？

（5）影响过滤速率的因素有哪些？在某一恒压下测得 K、q_e 和 θ_e 值后，如果将过滤压强提高一倍，上述三个值将如何变化？

（6）过滤压强增加一倍后，得到同一滤液量所需的时间是否也减少一半？为什么？

实验六　传 热 实 验

问题导读（预习思考）

- 影响对流传热系数的因素有哪些？
- 换热器总传热系数受哪些因素影响？如何有效提高总传热系数？
- 换热器强化传热中，有哪些强化措施？如何增大总传热系数？
- 换热器中的冷热流体在变温条件下操作时，为什么多采用逆流操作？什么情况下可以采用并流操作？

一、实验目的

（1）通过对空气-水蒸气简单套管换热器的实验研究，掌握对流传热系数 α_i 的测定方法，加深对其概念和影响因素的理解。

（2）通过对管程内部插有螺旋线圈的空气-水蒸气强化套管换热器的实验研究，掌握对流传热系数 α_i 的测定方法，加深对其概念和影响因素的理解。

（3）学会并应用线性回归分析方法，确定传热管关联式 $Nu=ARe^{m}Pr^{0.4}$ 中常数 A 和 m 的数值，强化管关联式 $Nu_0=BRe^{m}Pr^{0.4}$ 中 B 和 m 的数值。

（4）根据计算出的 Nu 和 Nu_0 求出强化比 Nu/Nu_0，比较强化传热的效果，加深理解强化传热的基本理论和基本方式。

（5）通过变换列管换热器换热面积实验测取数据，计算总传热系数 K，加深对其概念和影响因素的理解。

（6）认识套管换热器（光滑、强化）、列管换热器的结构及操作方法，测定并比较不同换热器的性能。

二、实验原理

在工业生产中，要完成加热或者冷却任务，一般通过换热器来实现，换热器必须在单位时间内完成传送一定热量的任务。但是，换热器形式繁多，性能差异较大。因此，在具体使用场合合理、经济地选用或设计一台换热器，必须先充分了解换热器的性能。了解换热器性能的重要途径之一就是通过实验测定换热器，了解其性能及影响性能的主要因素。

（一）普通套管换热器传热系数及准数关联式的测定

对流传热系数α_i是研究传热过程和换热器性能的主要参数，本实验中，套管换热器内，管程输送冷空气，壳程输送热蒸汽。

1. 对流传热系数α_i的测定

对流传热系数α_i可以根据牛顿冷却定律，通过实验来测定。因为α_i（管内流体的对流传热系数）$\ll \alpha_o$（管外的对流传热系数），所以传热管内的对流传热系数$\alpha_i \approx K$，K（单位为 W/m^2 · ℃）为冷热流体间的总传热系数，且$K = Q_i / (\Delta t_{mi} \times S_i)$，所以，

$$\alpha_i \approx \frac{Q_i}{\Delta t_{mi} \times S_i} \qquad \text{W/（m}^2\cdot\text{℃）} \tag{6.1}$$

式中，Q_i，管内传热速率，W；

S_i，管内换热面积，m^2；

Δt_{mi}，管内平均温度差，℃。

管内平均温度差由下式确定：

$$\Delta t_{mi} = t_w - t_m \tag{6.2}$$

式中，t_m，冷流体的进出口平均温度，℃；

t_w，壁面平均温度，℃。

因为换热器内管为紫铜管，其导热系数很大，且管壁很薄，故认为内壁温度、外壁温度和壁面平均温度近似相等，用t_w来表示，由于管外使用蒸汽，所以t_w近似等于热流体的平均温度。管内换热面积为

$$S_i = \pi d_i L_i \tag{6.3}$$

式中，d_i，内管管内径，m；

L_i，传热管测量段的实际长度，m。

通过换热器所传递的热流量，由热量衡算式计算：

$$Q_i = W_i c_{pi}(t_{i2} - t_{i1}) \tag{6.4}$$

其中质量流量（W_i）由下式求得

$$W_i = \frac{V_i \rho_i}{3600} \tag{6.5}$$

上两式中，V_i，冷流体在套管内的平均体积流量，m^3/h；

c_{pi}，冷流体的定压比热容，kJ/（kg · ℃）；

ρ_i，冷流体的密度，kg/m^3。

c_{pi}和ρ_i可根据定性温度t_m查得，$t_m=\dfrac{t_{i1}+t_{i2}}{2}$为冷流体进出口平均温度。$t_{i1}$、$t_{i2}$、$t_w$和$V_i$可通过一定的测量手段得到。

2. 对流传热系数准数关联式的实验确定

流体在管内做强制湍流，被加热状态，准数关联式的形式为

$$Nu_i = ARe_i^m Pr_i^n \tag{6.6}$$

式中，$Nu_i=\dfrac{\alpha_i d_i}{\lambda_i}$，$Re_i=\dfrac{u_i d_i \rho_i}{\mu_i}$（$u_i$为管内流体平均流速），$Pr_i=\dfrac{c_{pi}\mu_i}{\lambda_i}$。

物性数据λ_i、c_{pi}、ρ_i和μ_i可根据定性温度t_m查得。经过计算可知，对于管内被加热的空气，普朗特数Pr_i变化不大，可以认为是常数，则关联式的形式简化为

$$Nu_i = ARe_i^m Pr_i^{0.4} \tag{6.7}$$

这样通过实验确定不同流量下的Re_i与Nu_i，然后用线性回归方法确定A和m的值。

（二）强化套管换热器传热系数、准数关联式及强化比的测定

强化传热技术可以使初设计的传热面积减小，从而减少换热器的体积和重量，提高现有换热器的换热能力，达到强化传热的目的。同时换热器能够在较低温差下工作，减少了换热器工作阻力，从而减少动力消耗，更合理有效地利用能源。强化传热的方法有多种，本实验装置采用了多种强化方式，具体见表6.1。

表 6.1　实验装置结构参数

套管换热器实验内管规格		Φ22mm×1mm
测量段（紫铜内管、列管内管）长度 L		1.20m
强化传热内插物（螺旋线圈）尺寸	丝径 h	1mm
	节距 H	40mm
套管换热器实验外管规格		Φ57mm×3.5mm
列管换热器实验内管规格；根数		Φ19mm×1.5mm；6
列管换热器实验外管规格		Φ89mm×3.5mm
孔板流量计孔流系数；孔径		c_0=0.65；d_0=0.017m
旋涡气泵		XGB-2 型

螺旋线圈的结构图如图 6.1 所示，螺旋线圈由直径 3mm 以下的铜丝和钢丝按一定节距绕成。将金属螺旋线圈插入并固定在管内，即可构成一种强化传热管。在近壁区域，流体一面由于螺旋线圈的作用而发生旋转，一面还周期性地受到线圈的螺旋金属丝的扰动，因而可以使传热强化。由于绕制线圈的金属丝直径很细，流体旋流强度也较弱，所以阻力较小，有利于节省能源。螺旋线圈是以线圈节距 H 与管内径 d 的比值（长径比），以及管壁粗糙度（$2d/h$）为主要技术参数，长径比是影响传热效果和阻力系数的重要因素。

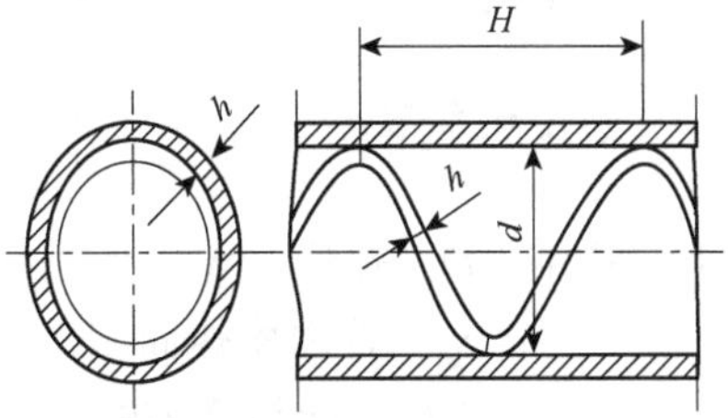

图 6.1　螺旋线圈强化管内部结构

科学家通过实验研究总结了形式为 $Nu = BRe^m$ 的经验公式，其中 B 和 m 的值因强化方式不同而不同。在本实验中，确定不同流量下的 Re_i 与 Nu_i，用线性回归方法可确定 B 和 m 的值。

单纯研究强化手段的强化效果（不考虑阻力的影响），可以用强化比的概念作为评判准则，它的形式是 Nu/Nu_0，其中 Nu 是强化管的努塞特数，Nu_0 是普通管的努塞特数，显然，强化比 $Nu/Nu_0>1$，而且它的值越大，强化效果越好。需要说明的是，如果要评判强化方式的真正效果和经济效益，则必须考虑阻力因素，阻力系数随着换热系数的增加而增加，从而导致换热性能的降低和能耗的增加，只有强化比较高，且阻力系数较小的强化方式，才是最佳的强化方法。

（三）列管换热器总传热系数 K 的测定

列管式换热器又称为管壳式换热器，是最典型的间壁式换热器，主要由壳体、管束、管板、折流挡板和封头等组成。壳体多为圆筒形，内部装有管束，管束两端固定在管板上。进行换热的冷热两种流体：一种流体在管内流动，其行程称为管程；另一种流体在管外流动，其行程称为壳程。管束的壁面即为传热面。

总传热系数 K 是评价换热器性能的一个重要参数，也是对换热器进行传热计算的依据。对于已有的换热器，可以通过测定有关数据（如设备尺寸、流体的流量和温度等），根据传热速率方程式来计算 K 值。

传热速率方程式是换热器传热计算的基本关系。该方程式中，冷热流体温度差 ΔT 是传热过程的推动力，它随着传热过程冷热流体的温度变化而改变。

传热速率方程式：

$$Q = K_0 \times S_0 \times \Delta T_m \tag{6.8}$$

热量衡算式：　$$Q = c_p \times W \times (T_2 - T_1) \tag{6.9}$$

总传热系数：　$$K = \frac{c_p \times W \times (T_2 - T_1)}{S_0 \times \Delta T_m} \tag{6.10}$$

上三式中，Q，热量，W；

S_0，管内换热面积，m^2；

ΔT_m，冷热流体的平均温差，℃；

K，总传热系数，W/（m^2 · ℃）；

c_p，空气比热容，J/（kg · ℃）；

W，空气质量流量，kg/s；

$T_2 - T_1$，空气进出口温差，℃。

ΔT_m由下式确定：

$$\Delta T_m = \frac{(T_1 - t_2) - (T_2 - t_1)}{\ln \frac{T_1 - t_2}{T_2 - t_1}} \tag{6.11}$$

式中，t_1、t_2，冷流体的入口、出口温度，℃；

T_1、T_2，热流体的入口、出口温度，℃。

管内换热面积计算公式：　$$S_0 = n\pi d_0 L_0 \tag{6.12}$$

式中，d_0，内管管外径，m；

n，换热管根数；

L_0，传热管测量段的实际长度，m。

质量流量计算公式：　$$W = \frac{V\rho}{3600} \tag{6.13}$$

式中，V，冷流体在管内的平均体积流量，m^3/h；

ρ，冷流体的密度，kg/m^3。

三、实验器材

实验装置流程示意图如图 6.2 所示。

实验设备主要技术参数如表 6.1 所示。

实验装置面板图如图 6.3 所示。

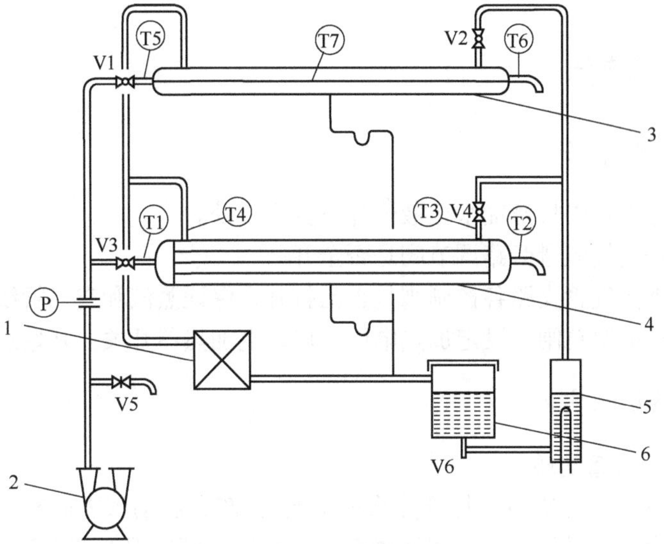

图 6.2　传热实验装置流程示意图

1. 散热器；2. 旋涡气泵；3. 套管换热器；4. 列管换热器；5. 蒸汽发生器；6. 水箱；T1～T7. 温度计；Ⓟ. 孔板压差计；V1～V6. 阀门

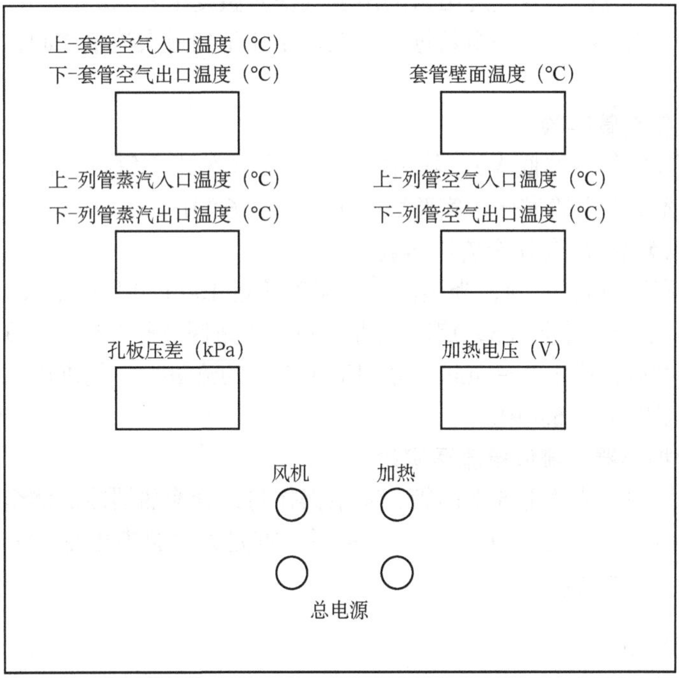

图 6.3　传热过程综合实验面板图

四、实验方法

扫码观看
实验操作视频

（一）实验准备

（1）向储水箱中加蒸馏水至液位计三分之二处。

（2）检查空气流量旁路调节阀是否全开。

（3）检查蒸气管支路各控制阀是否已打开，保证蒸汽和空气管线的畅通。

（4）接通电源总闸，设定加热电压，启动电加热器开关，开始加热。

（二）验证性实验

1. 光滑管套管实验

（1）准备工作完毕后，打开蒸汽进口阀门 V2，启动仪表面板加热开关，对蒸汽发生器内液体进行加热。当所做套管换热器内管壁温升到接近 100℃并保持 5min 不变时，打开阀门 V1，启动风机开关。

（2）用旁路调节阀 V5 来调节空气流量，调好某一流量后，稳定 3～5min，分别记录空气的流量、空气进出口的温度及壁面温度于表 6.2 中。

（3）改变流量测量下一组数据。一般从小流量到最大流量之间，要测量 5 或 6 组数据。

2. 强化管套管实验

全部打开空气旁路阀 V5，停风机。把强化丝装进套管换热器内并安装好。实验方法同光滑管套管实验，实验数据记录于表 6.3 中。

3. 列管换热器冷流体全流通实验

打开蒸汽进口阀门 V4，当蒸汽出口温度接近 100℃并保持 5min 不变时，打开阀门 V3，全开旁路阀 V5，启动风机，利用旁路调节阀 V5 来调节空气流量，调好某一流量后，稳定 3～5min，分别记录空气的流量、空气进出口的温度及蒸汽的进出口温度于表 6.4 中。

4. 列管换热器冷流体单流通实验

用准备好的丝堵堵上 5 根内管，其余操作与列管换热器冷流体全流通实验相同，实验数据记录于表 6.5 中。实验结束后，首先关闭加热开关，5min 后关闭风机和总电源。一切复原。

（三）自主性实验

（1）在其他条件不变时，管内介质速度增大，其出口温度将如何变化？

（2）当采用不同压强的蒸汽进行实验，测定其对式（6.7）有无影响？

（四）操作注意事项

（1）检查蒸汽发生器中的水位是否在正常范围内。特别是每个实验结束后、进行下一实验之前，如果发现水位过低，应及时补给水量。

（2）必须保证蒸汽上升管线的畅通，即在给蒸汽发生器通电之前，两个蒸汽支路阀门之一必须全开。在转换支路时，应先开启需要的支路阀，再关闭另一侧，且开启和关闭阀门必须缓慢，防止管线截断或蒸汽压力过大突然喷出。

（3）必须保证空气管线的畅通，即在接通风机电源之前，两个空气支路控制阀之一和旁路调节阀必须全开。在转换支路时，应先关闭风机电源，然后开启和关闭支路阀。

（4）调节流量后，应至少稳定 3～5min 后再读取实验数据。

（5）实验中保持上升蒸汽量的稳定，不应改变加热电压。

五、实验结果

（一）验证性实验结果

（1）光滑管套管换热器的对流传热系数 α_i 测定。实验结果记录于表 6.2。

表 6.2　实验装置数据记录及整理表（光滑管套管换热器）

实验序号	1	2	3	4	5	6
空气流量压差/kPa						
空气入口温度 t_1/℃						
ρ_{t1}/（kg/m^3）						
空气出口温度 t_2/℃						
t_w/℃						
t_m/℃						
ρ_{tm}/（kg/m^3）						
$\lambda_{tm}\times10^2$/［W/（m・℃）］						
c_{ptm}/［J/（kg・℃）］						
$\mu_{tm}\times10^{-5}$/（Pa・s）						
t_2-t_1/℃						
Δt_m/℃						
V_{t1}/（m^3/h）						
V_{tm}/（m^3/h）						

续表

实验序号	1	2	3	4	5	6
u/（m/s）						
q_c/W						
α_i/［W/（m^2·℃）］						
Re						
Nu						
$Nu/Pr^{0.4}$						

（2）强化管套管换热器的对流传热系数 α_i 测定。实验结果记录于表 6.3。

表 6.3　实验装置数据记录及整理表（强化管套管换热器）

实验序号	1	2	3	4	5	6
空气流量压差/kPa						
空气入口温度 t_1/℃						
ρ_{t1}/（kg/m^3）						
空气出口温度 t_2/℃						
t_w/℃						
t_m/℃						
ρ_{tm}/（kg/m^3）						
$\lambda_{tm}\times10^2$/［W/（m·℃）］						
c_{ptm}/［J/（kg·℃）］						
$\mu_{tm}\times10^{-5}$/（Pa·s）						
t_2-t_1/℃						
Δt_m/℃						
V_{t1}/（m^3/h）						
V_{tm}/（m^3/h）						
u/（m/s）						
q_c/W						
α_i/［W/（m^2·℃）］						
Re						
Nu_0						
$Nu_0/Pr^{0.4}$						

（3）全流通列管换热器总传热系数 K 测定。实验结果记录于表 6.4。

表 6.4　列管换热器全流通数据记录表

实验序号	1	2	3	4	5	6	7
空气流量压差/kPa							
空气入口温度 t_1/℃							
空气出口温度 t_2/℃							
蒸汽进口温度 T_1/℃							
蒸汽出口温度 T_2/℃							
体积流量 V_{t1}/（m^3/h）							
换热器体积流量 V_m/（m^3/h）							
质量流量/（kg/s）							
空气进出口温差/℃							
传热量 Q/W							
对流传热系数 K_0/［W/（m^2 • s）］							
空气入口密度 ρ_{t1}/（kg/m^3）							
进出口平均温度 t_m/℃							
换热器空气平均密度/（kg/m^3）							
$\Delta t_2-\Delta t_1$/℃							
ln（$\Delta t_2/\Delta t_1$）							
Δt_m/℃							
$\lambda_{tm}\times 10^2$/（W/m • ℃）							
c_{ptm}/［J/（kg • ℃）］							
$\mu_{tm}\times 10^{-5}$/（Pa • s）							
换热面积/m^2							
u/（m/s）							

（4）单流通列管换热器总传热系数 K 测定。实验结果记录于表 6.5。

表 6.5　列管换热器单流通数据记录表

实验序号	1	2	3	4	5	6	7
空气流量压差/kPa							
空气入口温度 t_1/℃							
空气出口温度 t_2/℃							
蒸汽进口温度 T_1/℃							
蒸汽出口温度 T_2/℃							
体积流量 V_{t1}/（m^3/h）							
换热器体积流量 V_m/（m^3/h）							
质量流量/（kg/s）							
空气进出口温差/℃							
传热量 Q/W							
对流传热系数 K_0/［W/（m^2 • s）］							
空气入口密度 ρ_{t1}/（kg/m^3）							
进出口平均温度 t_m/℃							
换热器空气平均密度/（kg/m^3）							
$\Delta t_2-\Delta t_1$/℃							
ln（$\Delta t_2/\Delta t_1$）							
Δt_m/℃							
$\lambda_{tm}\times10^2$/［W/（m • ℃）］							
c_{ptm}/［J/（kg • ℃）］							
$\mu_{tm}\times10^{-5}$/（Pa • s）							
换热面积/m^2							
u/（m/s）							

（5）对 α_i 的实验数据进行线性回归，确定关联式 $Nu=ARe^mPr^{0.4}$ 中常数 A、m 的数值。

（6）通过关联式 $Nu=ARe^mPr^{0.4}$ 计算出 Nu、Nu_0，并确定传热强化比 Nu/Nu_0。

（二）自主性实验结果

（1）画出出口温度与管内介质速度的关系图。
（2）通过式（6.7）的关联式，比较不同压强下 α_i 的大小。

六、思考题

（1）试列出换热器任意三种强化传热途径。
（2）在本实验中，要强化传热，是增加空气侧的传热系数还是增加蒸汽侧的传热系数？为什么？
（3）管内空气流动速度对传热系数有何影响？当空气速度增大时，空气离开热交换器时的温度升高还是降低？为什么？
（4）强化传热要以什么为代价？
（5）强化传热的效果一般如何评价？采用什么作为评价的指标？
（6）以空气为介质的传热实验，其雷诺数最好应如何计算？

实验七　填料吸收塔总体积传质系数的测定

问题导读（预习思考）

- 填料吸收塔由几部分组成？每部分的作用是什么？
- 逆流吸收操作线与并流吸收操作线有何异同？对吸收效率有何影响？
- 难溶物系吸收时，其总体积传质系数约等于液侧体积传质膜系数，从传质总阻力表达式如何去得到该结果？

一、实验目的

（1）通过实验测定填料吸收塔的总体积传质系数和传质单元高度。

（2）通过实验确立液侧体积传质膜系数与各项操作条件的关系数。

（3）通过实验学习掌握研究物质传递过程的一种实验方法，并加深对传质过程原理的理解。

二、实验原理

在稳态吸收情况下，溶质离开气相的传质速率与其进入液相的传质速率相等。在逆流接触的填料层内，任意截取一微分段，并以此为衡算系统，则由吸溶质的物料衡算可得

$$\mathrm{d}G_{\mathrm{A}} = K_{\mathrm{L}}(C_{\mathrm{A}}^{*} - C_{\mathrm{A}})aS\mathrm{d}h \tag{7.1}$$

$$\mathrm{d}G_{\mathrm{A}} = V_{\mathrm{s.L}}\mathrm{d}C_{\mathrm{A}} \tag{7.2}$$

上两式中，G_{A}，溶质进入液相的传质速率，mol/s；

K_{L}，液相总体积传质系数，m/s；

C_{A}^{*}，液相中溶质平衡浓度，mol/L；

C_{A}，液相中溶质浓度，mol/L；

a，气液两相接触的比表面积，$\mathrm{m^2/m^3}$；

S，填料吸收塔截面积，$\mathrm{m^2}$；

h，填料层高度，m。

由上两式可得

$$dh = \frac{V_{s.L}}{K_L aS} \frac{dC_A}{C_A^* - C_A} \tag{7.3}$$

式中，$V_{s.L}$，液相体积流率，m^3/s。

积分上式可得

$$\begin{aligned} h &= \frac{V_{s.L}}{K_L aS} \cdot \int_{C_{A.2}}^{C_{A.1}} \frac{dC_A}{C_A^* - C_A} \\ &= \frac{V_{s.L}}{K_L aS} \cdot \frac{C_{A.1} - C_{A.2}}{\Delta C_{A.m}} \end{aligned} \tag{7.4}$$

令 $H_L = \frac{V_{s.L}}{K_L aS}$，定义 H_L 为液相传质单元高度（HTU）；$N_L = \int_{C_{A.2}}^{C_{A.1}} \frac{dC_A}{C_A^* - C_A}$，定义 N_L 为液相传质单元数（NTU）。

则

$$h = H_L \times N_L \tag{7.5}$$

上两式中，

$$\begin{aligned} \Delta C_{A.m} &= \frac{\Delta C_{A.1} - \Delta C_{A.2}}{\ln \frac{C_{A.1}}{C_{A.2}}} \\ &= \frac{(C_{A.2}^* - C_{A.2}) - (C_{A.1}^* - C_{A.1})}{\ln \frac{C_{A.2}^* - C_{A.2}}{C_{A.1}^* - C_{A.1}}} \end{aligned} \tag{7.6}$$

$$C_{A.1}^* = C_{A.2}^* = C_A^* = Hp_A = Hp \tag{7.7}$$

上两式中，$C_{A.1}$，塔底液相溶质的浓度（作空白校正）；

$C_{A.2}$，塔顶吸收剂水中的 CO_2 含量；

H，溶解度系数；

p_A，溶质分压力；

p，吸收塔总压力。

又因本实验采用的物系仅遵循亨利定律，属于液膜控制。在此情况下，整个传质过程阻力都集中于液膜，即属液膜控制过程，则液侧体积传质膜系数(k_L)等于液相总体积传质系数(K_L)，即：

$$k_L a = K_L a = \frac{V_{s.L}}{hS} \cdot \frac{C_{A.1} - C_{A.2}}{\Delta C_{A.m}} \tag{7.8}$$

三、实验器材

（一）实验用具

二氧化碳钢瓶、三角瓶、移液管、量筒、酸式滴定管、胶头滴管、洗耳球。

（二）实验仪器

本实验采用 CEA-M03 型填料塔气体吸收实验仪。本实验装置由填料吸收塔、高位稳压水槽和各种测量仪表组成，其流程如图 7.1 所示。填料吸收塔采用直径为 50mm 的玻璃柱。柱内装填 φ5mm 拉西环填料，填充高度为 300mm。吸收质（纯二氧化碳气体）由钢瓶经二次减压阀、调节阀和转子流量计进入塔底。气体由下向上经过填料层与液相逆流接触，最后由柱顶放空。吸收剂（水）由高位稳压水槽经调节阀和流量计进入塔顶，再喷洒而下。吸收后溶液由塔底经“П”形管排出。“U”形液柱压差计用以测量塔底压强和填料层的压强降。

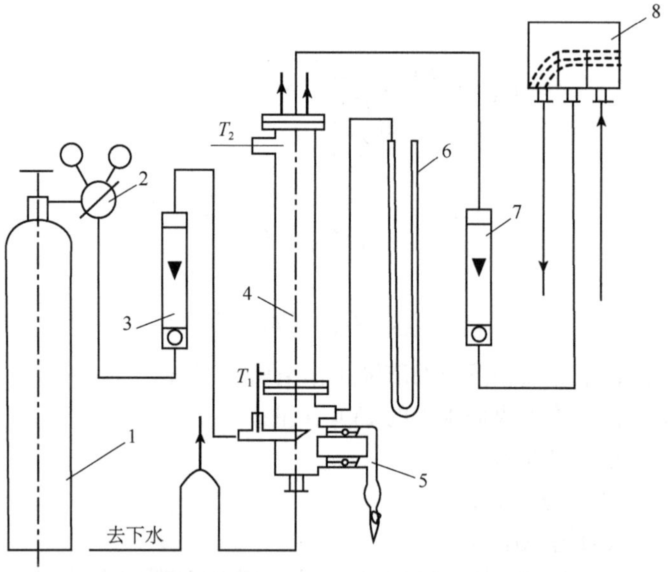

图 7.1　填料吸收塔液测传质膜系数测定实验装置流程

1. 二氧化碳钢瓶；2. 减压阀；3. 二氧化碳流量计；4. 填料吸收塔；5. 滴定计量球；6. 压差计；7. 水流量计；8. 高位稳压水槽；T_1. 塔底温度；T_2. 塔顶温度

（三）实验试剂

Ba（OH）$_2$ 溶液、酚酞指示剂、盐酸。

四、实验方法

扫码观看
实验操作视频

（一）实验准备

实验前，首先检查填料吸收塔的进气阀和进水阀，以及二氧化碳钢瓶上的二次减压阀是否均已关严；然后，打开二氧化碳钢瓶顶上的针阀，将压力调至1MPa；同时，向高位稳压水槽注水，直至溢流管有适量水溢流而出，然后打开填料吸收塔进水阀，润湿填料；最后向装有测温仪表线的保温杯加冰水混合物，接通测温电源。

（二）验证性实验

（1）缓慢开启进水调节阀，水流量可在10～60L/h范围内选取。一般在此范围内选取5或6个数据点。调节流量时一定要注意保持高位稳压水槽有适量溢流水流出，以保证水压稳定。

（2）缓慢开启进气调节阀。二氧化碳流量一般控制在0.1m^3/h左右为宜。

（3）当操作达到定常状态之后（约10min），测量塔顶和塔底的水温和气温，同时，测定塔底溶液中二氧化碳的含量，并记录于表7.1中。

（4）溶液中二氧化碳含量的测定方法：用移液管吸取0.1mol/L $Ba(OH)_2$溶液10mL，放入三角瓶中，并由塔底附设的计量管滴入塔底溶液20mL，再加入酚酞指示剂数滴，最后以0.1mol/L盐酸滴定，直至红色消失的瞬时为止。由空白试验与溶液滴定用量之差值，按下式计算得出溶液中二氧化碳的浓度：

$$C_A = \frac{C_{HCl}V_{HCl}}{2V} \qquad \text{mol/L} \tag{7.9}$$

式中，C_{HCl}，标准盐酸溶液的物质的量浓度，mol/L；

V_{HCl}，实际滴定用量，即空白实验用量与滴定试样时用量之差值，mL；

V，塔底溶液采样量，mL。

（三）自主性实验

增大二氧化碳流量，进而增大塔内操作压力，设定水的流量，测定出塔液体中二氧化碳含量及总体积传质系数。

（四）操作注意事项

（1）出塔液体采样与氢氧化钡取样同步，中和过程与滴定过程快速完成。

（2）每改变一次水的流量，需稳定约10min。

（3）塔底采样时应先排出塔底液体收集瓶内的液体，再采集新鲜液体。

五、实验结果

（一）验证性实验结果

（1）实验原始数据记录于表 7.1。

表 7.1 原始数据记录

实验序号		1	2	3	4	5
气相	塔底气温 $T_{g.1}$/°C					
	塔顶气温 $T_{g.2}$/°C					
	塔底压强 p/mmH_2O					
	CO_2 流量 $V_{s.g}$/（m^3/h）					
液相	塔底液温 $T_{L.1}$/°C					
	塔顶水温 $T_{L.2}$/°C					
	塔底压强 p/mmH_2O					
	水的流量 $V_{s.L}$/（L/h）					
	塔底采样量 V/mL					
	盐酸滴定量 V_{HCl}/mL					

（2）整理实验数据，计算各个流量下的总体积传质系数和传质单元高度。

（3）根据实验结果，在双对数坐标上标绘液侧体积传质膜系数及喷淋密度的关系曲线。

（二）自主性实验结果

计算改变塔内压强后相同流量下塔底采样二氧化碳浓度与总体积传质系数。

六、思考题

（1）从相界面溶质气液两相浓度特点、气膜液膜侧推动力的特点、液膜控制的判断三个方面归纳液膜控制的特点？

（2）改变液气比，实际上改变了吸收操作线方程，在气相流量不变的条件下，增大液相流量，结合实验结果与理论联系，分析实验结果产生的原因。

（3）在实验过程中，为什么塔底取样与氢氧化钡取样要同步？为什么滴定过程要快速？

（4）增大塔内压力除增大二氧化碳流量外，还可以采取什么措施？

（5）若实验测定气膜侧体积传质膜系数，你认为哪种气体合适？

实验八　连续筛板精馏塔分离能力测定

问题导读（预习思考）

● 如何判断精馏系统是否达到稳定状态？

● 将精馏操作由部分回流调节至全回流条件下，塔顶、塔底产品的浓度怎样变化？全回流对于化工设计和生产中回流比的选择有什么指导意义？

● 精馏操作中，如何及时监测产品质量的变化？

一、实验目的

（1）了解板式精馏塔的结构和操作。

（2）学习测定部分回流时连续精馏的理论塔板数及塔板效率。

（3）掌握回流比对精馏塔分离效率的影响。

二、实验原理

（一）精馏原理

精馏是利用液体混合物中各组分的挥发度不同而使之分离的重要化工单元操作，在化工生产中应用十分广泛。精馏过程是在精馏塔内进行的，根据精馏塔内构件不同，可将精馏塔分为板式精馏塔和填料精馏塔两大类，前者称为级式接触传质设备，后者称为微分式接触传质设备。塔板是板式精馏塔的主要构件，是气、液两相接触实现传质、传热的重要场所。通过塔底的再沸器对塔釜液体加热使之气化，上升的蒸汽穿过塔板上的孔道和板上的液体接触进行传质、传热，塔顶的蒸汽经冷凝器冷凝后，一部分作为塔顶产品，另一部分冷凝液作为回流返回塔内。来自塔顶的液体自上而下经过降液管流至下层塔板口，再横向经过整个塔板，漫过溢流堰，经另一侧的降液管流下。气、液两相在塔内整体呈逆流，板上呈错流，这是板式精馏塔内气、液两相的流动特征。一个好的塔板，应该处理能力强、效率高、阻力小、结构简单。工业上常用的塔板有筛板、浮阀塔板、泡罩塔板等。塔板效率是精馏塔设计的重要参数之一。

1. 全塔效率

全塔效率（E_T）又称总板效率，是指达到指定分离效果所需理论板数与实际板数的比值，即：

$$E_T = \frac{N_T - 1}{N_P} \tag{8.1}$$

式中，N_T，完成一定分离任务所需的理论塔板数，包括蒸馏釜；

N_P，完成一定分离任务所需的实际塔板数，本实验中 $N_P = 10$。

全塔效率简单地反映了整个塔内塔板的平均效率，说明了塔板结构、物性系数、操作状况对分离能力的影响。对于塔内所需理论塔板数 N_T，可由已知的双组分物系平衡关系，实验中测得的塔顶、塔釜出液的组成，以及回流比 R 和热状况 q 等，用图解法求得。

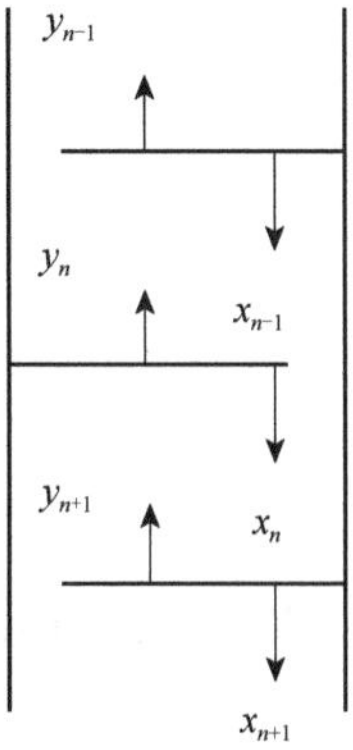

图 8.1　塔板气液流向示意

2. 单板效率

单板效率（E_M）又称默弗里效率，如图 8.1 所示，是指气相或液相经过一层实际塔板前后的组成变化值与经过一层理论塔板前后的组成变化值之比。

按气相组成变化表示的单板效率为

$$E_{MV} = \frac{y_n - y_{n+1}}{y_n^* - y_{n+1}} \tag{8.2}$$

按液相组成变化表示的单板效率为

$$E_{ML} = \frac{x_{n-1} - x_n}{x_{n-1} - x_n^*} \tag{8.3}$$

上两式中，y_n、y_{n+1}，离开第 n、$n+1$ 块塔板的气相组成，摩尔分数；

x_{n-1}、x_n，离开第 $n-1$、n 块塔板的液相组成，摩尔分数；

y_n^*，与 x_n 成平衡的气相组成，摩尔分数；

x_n^*，与 y_n 成平衡的液相组成，摩尔分数。

3. 全回流下理论塔板数的确定

（1）利用芬斯克公式计算求解全回流下理论塔板数。

$$N_{\mathrm{T.O}} = \frac{\ln\left[\left(\frac{x_D}{1-x_D}\right)\left(\frac{1-x_W}{x_W}\right)\right]}{\ln\alpha} - 1 \tag{8.4}$$

式中，$N_{\mathrm{T.O}}$，全回流下测得的理论塔板数；

x_D，塔顶轻组分摩尔分数（塔顶样品折光率 n_D）；

x_W，塔底轻组分摩尔分数（塔底样品折光率 n_W）。

（2）利用图解法求解全回流条件下理论塔板数。在平衡线和操作线之间图解理论板数 $N_{T.O}$，如图 8.2 所示。

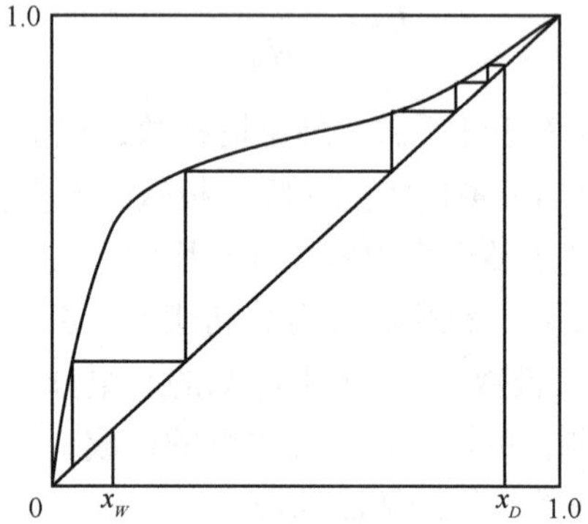

图 8.2　全回流下理论塔板数的确定

x_D. 塔顶轻组分摩尔分数；x_W. 塔底轻组分摩尔分数

（3）计算全回流下的全塔效率（η）。

$$\eta=\frac{N_{T.O}}{N_P}\times 100\% \tag{8.5}$$

4. 部分回流比下理论塔板数的确定

精馏段的精馏段操作方程：

$$y_{n+1}=\frac{R}{R+1}x_n+\frac{x_D}{R+1} \tag{8.6}$$

式中，x_D，塔顶轻组分摩尔分数（塔顶样品折光率 n_D）；

R，控制的回流比（已知）。

过固定点$(x_D,\ x_D)$和$\left(0, \dfrac{x_D}{R+1}\right)$做精馏段操作线。

（1）q 线和提馏段操作线方程。进料热状况参数的计算式为

$$q=\frac{c_{pm}(t_{BP}-t_F)+r_{pm}}{r_{pm}} \tag{8.7}$$

式中，t_F，进料温度，℃；

t_{BP}，进料的泡点温度，°C；

c_{pm}，进料液体在平均温度$\frac{1}{2}(t_F+t_{BF})$下的比热容，kJ/（kmol · °C）；

r_{pm}，进料液体在其组成和泡点温度下的气化潜热，kJ/kmol。

$$c_{pm} = c_{pA}M_Ax_A + c_{pB}M_Bx_B \qquad \text{kJ/(kmol·°C)} \tag{8.8}$$

$$r_{pm} = r_AM_Ax_A + r_BM_Bx_B \qquad \text{kJ/kmol} \tag{8.9}$$

上两式中，c_{pA}，c_{pB}，分别为纯组分 1 和组分 2 在平均温度下的比热容，kJ/(kmol·°C)；

r_A，r_B，分别为纯组分 1 和组分 2 在泡点温度下的气化潜热，kJ/kmol；

M_A，M_B，分别为纯组分 1 和组分 2 的摩尔质量；

x_A，x_B，分别为纯组分 1 和组分 2 在进料中的摩尔分率。

根据进料样品折光指数 n_F，计算 w_F（进料的质量分率）和 x_F（进料的摩尔分率）。

$$q\text{线斜率} = \frac{q}{q-1} \tag{8.10}$$

根据固定点(x_F，x_F)和斜率 $\frac{q}{q-1}$ 作出 q 线。

（2）提馏段操作线。根据塔釜样品折光指数 n_W 计算出质量分率 w_W 和 x_W，过固定点(x_W，x_W)及 q 线与精馏段交点连接，即得提馏段操作线。

（3）图解法求理论塔板数和全塔效率。在平衡线和精馏段操作线、提馏段操作线之间图解理论板塔板数 N_T，见图 8.3。计算全塔效率：

$$\eta = \frac{N_T}{N_P} \times 100\% \tag{8.11}$$

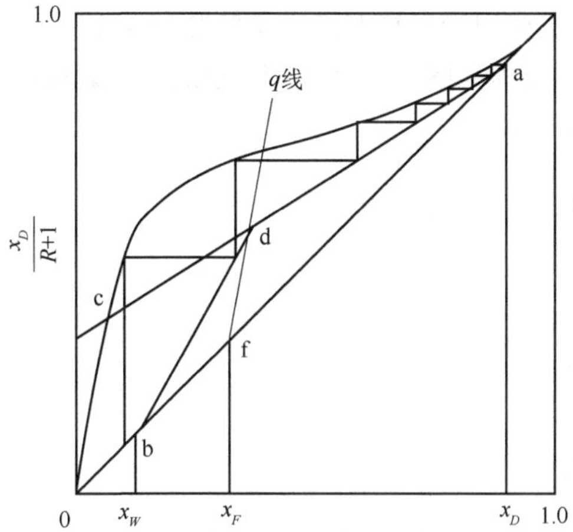

图 8.3　部分回流时理论塔板数的确定

x_F. 进料液中轻组分摩尔分数；x_D. 塔顶轻组分摩尔分数；x_W. 塔底轻组分摩尔分数；R. 回流比；q. 进料热状态参数；其余字母分别表示不同的点

（二）折光率测定原理

馏出液和釜液浓度测定使用阿贝折射仪（折光率与溶液浓度的关系见附录三）。30℃下乙醇的质量分率（ w_A ）与阿贝折射仪读数之间的关系可按下列回归式计算：

$$w_A = 58.844116 - 42.61325 \times n_D \quad (8.12)$$

式中，n_D，折光仪读数（折光率）。

通过质量分率求出摩尔分率（ x_A ），计算如下：

$$x_A = \frac{(w_A / M_A)}{(w_A / M_A) + (1 - w_A) / M_B} \quad (8.13)$$

式中，M_A，乙醇分子量 $M_A = 46$；

M_B，正丙醇分子量 $M_B = 60$。

三、实验器材

（一）实验用具

量筒、具塞试管、胶头滴管、阿贝折射仪、擦镜纸、恒温水浴锅、恒温干燥箱、注射器、三角瓶、水银温度计。

（二）实验仪器

本实验采用 BJLJ-B 型筛板精馏塔。实验装置主要由塔体、塔釜、塔顶冷凝器等组成。实验装置流程如图 8.4 所示，精馏设备仪表面板图如图 8.5 所示，实验仪器主要技术参数见表 8.1。

（三）实验试剂

乙醇、正丙醇。

四、实验方法

扫码观看
实验操作视频

（一）实验准备

（1）将与阿贝折射仪配套使用的恒温水浴调整运行到所需的温度，并记录这个温度。将取样用注射器和镜头纸备好。

（2）检查实验装置上的各个旋塞、阀门是否均处于关闭状态。

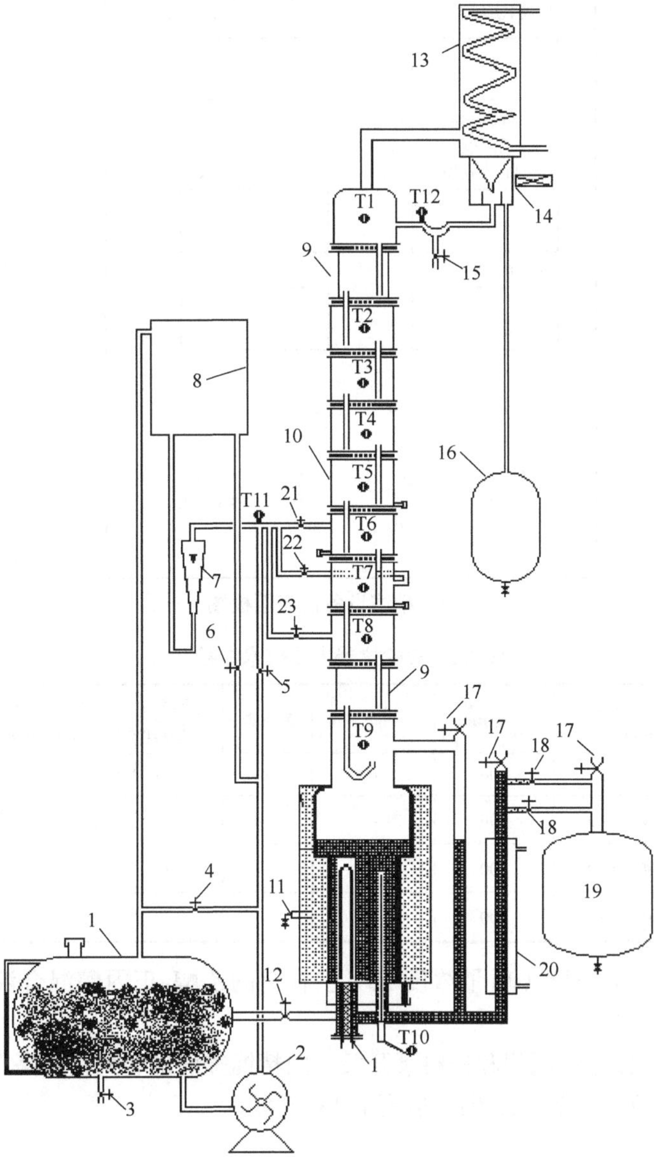

图 8.4　精馏实验装置流程图

1. 储料罐；2. 进料泵；3. 放料阀；4. 料液循环阀；5. 直接进料阀；6. 间接进料阀；7. 流量计；8. 高位槽；9. 玻璃观察段；10. 精馏塔；11. 塔釜取样阀；12. 釜液放空阀；13. 塔顶冷凝器；14. 回流比控制器；15. 塔顶取样阀；16. 塔顶液回收罐；17. 放空阀；18. 塔釜出料阀；19. 塔釜储料罐；20. 塔釜冷凝器；21. 第 6 块板进料阀；22. 第 7 块板进料阀；23. 第 8 块板进料阀；T1～T12. 温度测点

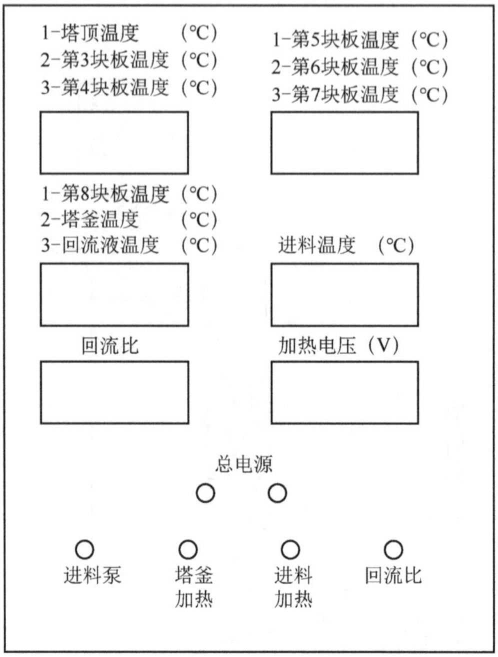

图 8.5　精馏设备仪表面板图

表 8.1　实验仪器主要技术参数

名称	规格/mm×mm	高度/mm	板间距/mm	板数/块	板型；孔径/mm	降液管/mm×mm	材质
塔体	$\Phi 57\times 3.5$	100	100	8	筛板；2.0	$\Phi 8\times 1.5$	不锈钢
塔釜	$\Phi 100\times 2$	300	—	—	—	—	不锈钢
塔顶冷凝器	$\Phi 57\times 3.5$	300	—	—	—	—	不锈钢
塔釜冷凝器	$\Phi 57\times 3.5$	300	—	—	—	—	不锈钢

（3）配制一定浓度（质量浓度 20%左右）的乙醇-正丙醇混合液（总容量 15L 左右），倒入储料罐。

（4）打开直接进料阀门和进料泵开关，向精馏釜内加料到指定高度（冷液面在塔釜总高 2/3 处），之后关闭进料阀门和进料泵。

（二）验证性实验

1. 全回流操作

（1）打开塔顶冷凝器进水阀门，保证冷却水足量（60L/h 即可）。

（2）记录室温。接通总电源开关（220V）。

（3）调节加热电压约为 130V，待塔板上建立液层后再适当加大电压，使塔内维持正常操作。

（4）当各块塔板上鼓泡均匀后，保持加热釜电压不变，在全回流情况下稳定20min左右。其间要随时观察塔内传质情况直至操作稳定。然后分别在塔顶、塔釜取样口用30mL三角瓶同时取样，通过阿贝折射仪分析样品浓度，实验数据记录于表8.2中。

2. 部分回流操作

（1）打开间接进料阀门和进料泵，调节转子流量计，以2.0～3.0L/h的流量向塔内加料，用回流比控制调节器调节回流比为R=4，馏出液收集在塔顶液回收罐中。

（2）塔釜产品经冷却后由溢流管流出，收集在容器内。

（3）待操作稳定后，观察塔板上传质状况，记下加热电压、塔顶温度等有关数据，整个操作中维持进料流量计读数不变，分别在塔顶、塔釜和进料三处取样，用阿贝折射仪分析其浓度并记录下进塔原料液的温度，实验数据记录于表8.2中。

3. 实验结束

（1）记录实验数据并检查无误后可停止实验，此时关闭进料阀门和加热开关，关闭回流比调节器开关。

（2）停止加热后10min再关闭冷却水，一切复原。

（3）根据物系的t-x-y关系，确定部分回流条件下进料的泡点温度，并进行数据处理。

（三）自主性实验

（1）测定全回流和部分回流下的单板效率。

（2）测定不同进料温度对塔顶馏出液和塔底釜残液质量的影响。

（3）测定不同进料位置对塔顶馏出液和塔底釜残液质量的影响。

（四）实验注意事项

（1）由于实验所用物系属易燃物品，所以实验中要特别注意安全，操作过程中避免洒落，以免发生危险。

（2）本实验设备加热功率由仪表自动调节，注意加热时升温要缓慢，以免发生爆沸（过冷沸腾）使釜液从塔顶冲出。若出现此现象应立即断电，重新操作。升温和正常操作过程中釜的电功率不能过大。

（3）开车时要先接通冷却水再向塔釜供热，停车时操作反之。

（4）检测浓度使用阿贝折射仪。读取折光指数时，一定要同时记录测量温度并按给定的折光指数-质量百分浓度-测量温度关系（附录三）测定相关数据。

（5）为便于对全回流和部分回流的实验结果（塔顶产品质量）进行比较，应尽量使两组实验的加热电压及所用料液浓度相同或相近。连续进行实验时，应将前一次实验时留存在塔釜、塔顶、塔底产品接收器内的料液倒回原料液储罐中循环使用。

五、实验结果

（一）验证性实验结果

全回流和部分回流条件下理论塔板数和全塔效率的确定。实验结果记录于表 8.2。

表 8.2　精馏实验原始数据及处理结果

<table>
<tr><td colspan="6">实际塔板数：8　　实验物系：乙醇-正丙醇　　折射仪分析温度：30℃</td></tr>
<tr><td rowspan="2">项目</td><td colspan="2">全回流：$R=\infty$</td><td colspan="3">部分回流：$R=4$
进料量：　　进料温度 t_F：</td></tr>
<tr><td>塔顶组成</td><td>塔釜组成</td><td>塔顶组成</td><td>塔釜组成</td><td>进料组成</td></tr>
<tr><td>折光指数 n</td><td></td><td></td><td></td><td></td><td></td></tr>
<tr><td>质量分率 w</td><td></td><td></td><td></td><td></td><td></td></tr>
<tr><td>摩尔分率 x</td><td></td><td></td><td></td><td></td><td></td></tr>
<tr><td>全塔效率 η</td><td colspan="2"></td><td colspan="3"></td></tr>
</table>

（二）自主性实验结果

（1）全回流和部分回流下每层塔板的单板效率确定及与全塔效率的比较分析。
（2）不同进料温度对塔顶馏出液和塔底釜残液质量的影响测定。
（3）不同进料位置对塔顶馏出液和塔底釜残液质量的影响测定。

六、思考题

（1）回流比与塔顶、塔釜产品具有怎样的关系？
（2）为什么要进行预液泛？
（3）为什么蒸馏操作不能在液泛下进行？
（4）如何判断塔的操作已经达到稳定？影响精馏操作稳定的因素有哪些？
（5）在正常操作时，影响精馏塔全塔效率的因素有哪些？
（6）全回流的特征有哪些？
（7）板式精馏塔有哪些不正常操作状况？如何处理？

实验九　流化床干燥器干燥曲线的测定

问题导读（预习思考）

- 什么是固体流态化？什么是腾涌现象和沟流现象？
- 干燥属于哪类单元操作？影响干燥的因素都有哪些？
- 什么是干燥速度曲线？由几个阶段组成？

一、实验目的

（1）通过实验测定固体颗粒物料的干燥曲线和干燥速度曲线，以及临界点和临界含水量。

（2）通过实验掌握对流干燥的实验研究方法。

（3）了解流化床干燥器的主要结构与流程，以及流态化干燥过程的各种性状。

（4）加深对干燥过程原理的理解。

二、实验原理

（一）干燥曲线

在流化床干燥器中，颗粒状湿物料悬浮在大量的热空气中进行干燥。在干燥过程中，湿物料中的水分随着干燥时间延长而不断减少。在恒定空气条件（即空气的温度、湿度和流动速度保持不变）下，实验测定物料含水量随时间的变化关系，将其标绘成曲线，即为湿物料的干燥曲线。湿物料含水量可以湿物料的质量为基准（称为湿基），或以绝干物料的质量为基准（称为干基）来表示。

当湿物料中绝干物料的质量为 m_e，水的质量为 m_w 时，则以湿基表示的湿物料含水量为

$$w=\frac{m_w}{m_e+m_w}\quad \text{kg（水）/kg（湿物料）} \tag{9.1}$$

以干基表示的湿物料含水量为

$$W = \frac{m_w}{m_e} \quad \text{kg（水）/kg（绝干物料）} \tag{9.2}$$

湿物料含水量的两种表示方法存在如下关系：

$$w = \frac{W}{1+W} \quad \text{kg（水）/kg（湿物料）} \tag{9.3}$$

$$W = \frac{w}{1-w} \quad \text{kg（水）/kg（绝干物料）} \tag{9.4}$$

（二）干燥速度曲线

物料的干燥速度指水分气化的速度。若以固体物料与干燥介质的接触面积为基准，则干燥速度可表示为

$$N_A = \frac{-m_e \mathrm{d}W}{A\mathrm{d}t} \quad \text{kg/（m}^2\text{·s）} \tag{9.5}$$

若以绝干物料的质量为基准，则干燥速度可表示为

$$N'_A = \frac{-\mathrm{d}W}{\mathrm{d}t} \quad \text{1/s 或 kg（水）/［kg（绝干物料）· s］} \tag{9.6}$$

上两式中，m_e，绝干物料的质量，kg；

A，气固两相接触面积，m^2；

W，物料的含水量，kg（水）/kg（绝干物料）；

t，气固两相接触时间，即干燥时间，s。

由此可见，干燥曲线上各点的斜率即为干燥速度。若将各点的干燥速度对固体的含水量标绘成曲线，即为干燥速度曲线。干燥速度曲线也可采用干燥速度对自由含水量进行标绘。在实验曲线的测绘中，干燥速度值也可近似地按下式进行计算：

$$N'_A = \frac{-\Delta W}{\Delta t} \tag{9.7}$$

（三）临界点和临界含水量

从干燥曲线和干燥速度曲线可知，在恒定干燥条件下干燥过程分为以下三个阶段。

1. 物料预热阶段

当湿物料与热空气接触时，热空气向湿物料传递热量，湿物料温度逐渐升高，一直达到热空气的湿球温度，这一阶段称为预热阶段。

2. 恒速干燥阶段

由于湿物料表面存在液态的非结合水，热空气传给湿物料的热量使表面水分在空气湿球温度下不断气化，并由固相向气相扩散。在此阶段，湿物料的含水量以恒定的速度不断减少，这一阶段称为恒速干燥阶段。

3. 降速干燥阶段

当湿物料表面非结合水已不复存在时，固体内部水分由固体内部向表面扩散后气化，或者气化表面逐渐内移，因此水分的气化速度受内扩散速度控制，干燥速度逐渐下降，一直达到平衡含水量而终止，这个阶段称为降速干燥阶段。

在一般情况下，第 1 阶段相对于后两个阶段所需时间要短得多，因此一般可忽略不计。根据固体物料特性和干燥介质的条件，第 2 阶段与第 3 阶段相比较，所需干燥时间长短不一，甚至有可能不存在其中某一阶段。第 2 阶段与第 3 阶段干燥速度曲线的交点称为干燥过程的临界点，该点的含水量定义为临界含水量。

三、实验器材

（一）实验用具

天平、干燥器、称量瓶、干湿球温度计、电热烘箱、硅胶。

（二）实验仪器

本实验采用 CEA-M05 型流化干燥实验仪。流化干燥实验装置由流化床干燥器、空气预热器、风机、空气流量与温度的测量与控制仪表等部分组成。该实验仪的装置流程如图 9.1 所示。

空气由风机经孔板流量计和空气预热器进入流化床干燥器。热空气由干燥器底部鼓入，经分布板分布后，进入床层将固体颗粒流化并进行干燥。湿空气由器顶排出，经扩大段沉降和过滤器过滤后放空。

空气的流量由调节阀和旁路放空阀联合调节，并由孔板流量计计量。热风温度由温度控制仪自动控制，并以数字显示床层温度。

固体物料采用间歇操作方式，由干燥器顶部加入，实验毕在流化状态下由下部卸料口流出。分析用试样由采样器定时采集。

流化床干燥的床层压降由“U”形压差计测取。

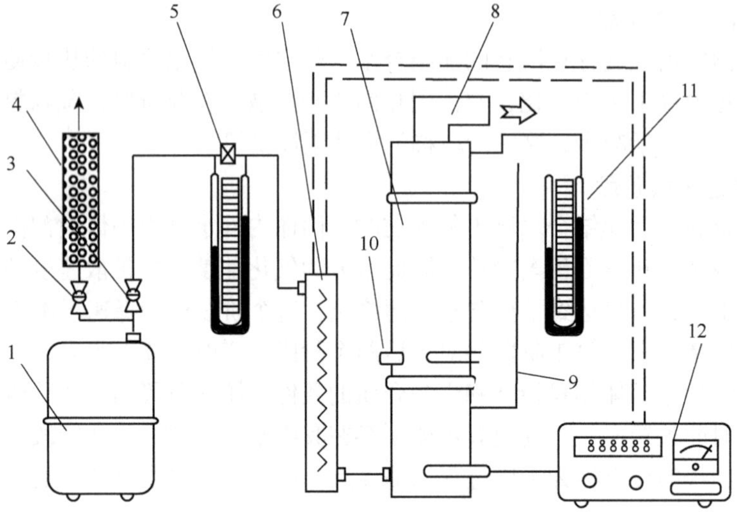

图 9.1　流化干燥实验装置流程图

1. 风机；2. 放空阀；3. 调节阀；4. 消声器；5. 孔板流量计；6. 空气预热器；7. 流化床干燥器；8. 排气口；9. 采样器；10. 卸料口；11. “U”形压差计；12. 温度控制与测量仪

四、实验方法

（一）实验准备

（1）将硅胶颗粒用纯水浸透，沥去多余水分，密闭静置 1～2h 后待用。

（2）将称量瓶洗净、烘干，称重后放入干燥器中待用。

（3）完全开启放空阀，关闭干燥器的入口调节阀，然后启动风机。按预定的风量缓慢调节风量（风机上的旋钮、放空阀和入口调节阀三者联合调节）。本实验的风量一般控制在 30m^3/h 左右为宜。

（4）按预定的干燥温度调定控温仪上的设定值，然后打开电热器的开关和测温开关，直至床层温度恒定。热风温度的选定与空气湿度和物料性质等有关，本实验采用 60～80℃为宜。

（5）测量并记录实验基本参数于表 9.1 中。

（二）验证性实验

（1）适当减少风量，将准备好的湿物料由器顶迅速倒入干燥器床层内，适当增大风量，使颗粒松动后，测量静床层堆积高度。

（2）迅速将风量调回到预定值，待流化均匀后，测量床层流化高度，同时开始测定干燥过程的第 1 组数据（即起始湿含量）。然后，每隔 5min 采集一次试样，记录一次床层温度和压降，直至干燥过程结束。本实验一般要求采集 10～12 组数据。

（3）每次采集的试样放入称量瓶后，迅速将盖盖紧。用天平称取各瓶质量后，放入烘箱在 150～170℃下烘 2～4h。烘干后将称量瓶放入干燥器中，冷却后再称重。

（4）实验完毕，先关闭电热器，直到床层温度冷却至接近室温时，打开卸料口，收集固体颗粒于容器中待用。然后，依次打开放空阀，关闭入口调节阀，关闭风机，最后切断电源。

（5）如果要测定不同空气流量或温度下的干燥曲线，可重复上述实验步骤进行实验，所有实验数据记录于表 9.2 中。

（三）自主性实验

自主设定进气温度，通过实验结果探讨进气温度对干燥的影响。

（四）实验注意事项

（1）实验开始时，一定要先通风，后开电热器；实验毕，一定要先关掉电热器，待空气温度接近室温后，才可停止通风，以防烧毁电热器。

（2）空气流量的调节，先由放空阀粗调，再由调节阀细调，切勿在放空阀和调节阀全闭时启动风机。

（3）使用采样器时，转动和推拉切勿用力过猛，并要注意正确掌握拉动的位置和扭转的方向与时机。

（4）试样的采集、称重和烘干都要精心操作，避免造成较大的实验误差，或因操作失误造成实验失败。

五、实验结果

（1）测量并记录实验基本参数于表 9.1。

表 9.1　实验基本参数

参数		数值
干燥器参数	床层内径/mm	
	静床层高度 H_m/mm	
硅胶参数	平均直径/mm	
	起始湿含量/［kg（水）/kg（绝干物料）］	

续表

参数		数值
空气参数	干球温度/℃	
	湿球温度/℃	
孔板流量计	孔径/mm	
	孔流系数	
操作参数	操作压力/MPa	
	进气流量/（m^3/s）	
	空塔气速/（m/s）	
	入塔温度/℃	
	床层流化高度/mm	
	流化床膨胀比	

（2）验证性实验结果记录于表9.2。

表9.2　验证性实验结果

实验序号	1	2	3	4	5	6	7	8	9	10	11	12
干燥时间 t/min												
床层温度 T_b/℃												
床层压降/mmH_2O												
称量瓶重 m_v/g												
湿试样毛重（$m_c+m_w+m_v$）/g												
干试样毛重（m_c+m_v）/g												
湿试样净重（m_c+m_w）/g												
干试样净重 m_c/g												
试样中的水量 m_w/g												

（3）将在一定干燥条件下测得的实验数据，标绘出干燥曲线（W-t 曲线）和床层温度变化曲线（T_b-t 曲线）。

（4）由干燥曲线标绘干燥速度曲线。

（5）根据实验结果确定临界点和临界湿含量。

六、思考题

（1）什么是干燥曲线？什么是干燥速度曲线？二者有何关系？

（2）什么是临界点？如何测量？

（3）相同湿度的空气，为什么提高其温度有利于干燥过程的进行？

（4）实验过程中，流化床的压降变化情况是怎样的？请解释其变化的原因。

（5）流化床操作中，存在腾涌和沟流两种非正常现象，如何依据床层压降进行判断？怎样避免这两种现象发生？

实验十　亚硫酸盐氧化法测定体积传氧系数

问题导读（预习思考）

- 用来描述单组分吸收的是什么传质模型？
- 哪些气体-水物系属于液膜控制？
- 液膜控制时，其溶质在相界面的浓度如何表示？

一、实验目的

（1）熟悉氧在好氧发酵中的重要作用。
（2）理解好氧发酵中的氧传质机理。
（3）测定体积传氧系数 K_La。

二、实验原理

好氧发酵过程中，溶解氧是控制发酵的一个重要参数，在摇瓶发酵中通过调整摇床转速来控制氧气在好氧发酵中的浓度，在发酵罐中，则是通入空气并搅拌来提供好氧菌发酵所需的氧气。氧气溶解过程即吸收过程，依据双膜理论，氧气吸收过程中的推动力和阻力全部集中在气膜侧和液膜侧，又因为氧气是难溶物质，因此其气膜侧的推动力和阻力可以忽略，吸收过程的推动力和阻力全部集中在液膜侧，过程属于液膜控制，因此总体积传质系数与液膜侧总体积传质系数相等，其传质速率可用下式表示：

$$N=K_La\,(C^*-C_L) \tag{10.1}$$

式中，N，体积溶氧传质速率；

K_La，体积传氧系数；

C^*-C_L 为吸收过程的推动力，其中，C^*为液相氧气平衡浓度，C_L 为液相中实测氧气的浓度。

式（10.1）是研究通气液体中传氧速率的基本方程之一，该方程指出：就氧的物理传递过程而言，溶氧系数 K_La 的数值一般是起决定性作用的因素。所以，

求出 K_La 作为某种反应器或某一反应条件下传氧性能的标度，对于衡量反应器的性能、控制发酵过程有着重要的意义。

在有 Cu^{2+}存在的情况下，O_2 与 Na_2SO_3 快速反应生成 Na_2SO_4。

$$2Na_2SO_3+O_2 \longrightarrow 2Na_2SO_4$$

在 20～45℃下，相当宽的 Na_2SO_3 浓度范围（0.035～0.9mol/L）内，O_2 与 Na_2SO_3 的反应速度与 Na_2SO_3 浓度无关，利用这一特性，可以根据单位时间内被氧化的 Na_2SO_3 量求出传递速率。

当上述反应达稳态时，用过量的 I_2 与剩余的 Na_2SO_3 作用。

$$Na_2SO_3+I_2+H_2O = Na_2SO_4+2HI$$

然后再用标定的 $Na_2S_2O_3$ 滴定剩余的碘。

$$2Na_2S_2O_3+I_2 = Na_2S_4O_6+2NaI$$

由上述反应可知，每消耗 4mol Na_2SO_4 相当于 1mol O_2 被吸收，故可由 Na_2SO_4 的量来求出单位时间内的氧吸收量。

$$N=\Delta V\times M/(m\times\Delta t\times4\times1000) \qquad (10.2)$$

式中，N，体积溶氧传质速率，mol/（L · min）;

Δt，取样间隔时间，min；

ΔV，Δt 内消耗的 $Na_2S_2O_3$ 溶液的毫升数，mL；

m，取样量，L；

M，$Na_2S_2O_3$ 的摩尔浓度，mol/L。

依据式（10.1）求取 K_La。

三、实验仪器

（一）实验用具

三角瓶、移液管、碱式滴定管、胶头滴管、试剂瓶、容量瓶、洗瓶、洗耳球、烧杯、玻璃搅拌棒、天平、药匙。

（二）实验仪器

全温摇床。

（三）实验试剂

1%可溶性淀粉指示剂，0.05mol/L 碘、碘化钾溶液（称取碘化钾 39g，溶解于 100mL 的蒸馏水中，再称取碘 12.96g，溶解定容至 1000mL），0.4mol/L Na_2SO_3 溶液、0.025mol/L $Na_2S_2O_3$ 溶液、1×10^{-7}mol/L $CuSO_4$ 溶液。

四、实验方法

（一）验证性实验

（1）取 100mL 0.4mol/L Na_2SO_3 溶液装入 500mL 的三角瓶中，滴入 1mL $CuSO_4$ 溶液混匀，取样 2mL 并移入装有 20mL 0.05mol/L 碘、碘化钾溶液的 100mL 三角瓶中。

（2）将三角瓶放置于摇床上，在一定转速下振荡 150min，取 2mL 移入装有 20mL 0.05mol/L 碘、碘化钾溶液的 100mL 三角瓶中。

（3）用 0.025mol/L $Na_2S_2O_3$ 溶液滴定，在样品颜色由深蓝色变成浅蓝色时，加入 1%可溶性淀粉指示剂，继续滴定至蓝色褪去即为终点。将实验结果记录于表 10.1 中。

（二）自主性实验

改变摇床温度，测不同温度下体积传氧系数。

五、实验结果

将验证性实验结果记录于表 10.1。

表 10.1　验证性实验数据记录及处理

操作温度：　　℃　　　　摇床转速：　　rpm　　　　取样时间：

取样序号	$Na_2S_2O_3$ 溶液滴定体积/mL	体积溶氧传质速率	体积传氧系数
1			
2			
3			

六、思考题

（1）在实际摇床发酵中，如何测定总体积传质系数？

（2）不同转速是否对实验结果有影响？

（3）不同取样时间其结果是否相同？

实验十一　双水相萃取脂肪酶综合实验

问题导读（预习思考）

- 双水相体系都有哪些？
- 双水相萃取受哪些因素影响？
- 如何有效提高双水相萃取效果？
- 温度及体系配比对于双水相体系萃取效果有哪些影响？
- 双水相萃取中相图有何意义？
- 双水相萃取在分离生物大分子物质时有何意义？

一、实验目的

（1）掌握绘制双水相相图的方法，加深对相图的认识。
（2）理解双水相的形成条件和定量关系。
（3）掌握 PEG[①]/无机盐体系双水相萃取脂肪酶的方法。
（4）了解影响脂肪酶在双水相体系中分配行为的主要参数。

二、实验原理

（一）双水相萃取法

双水相是指某些高聚物之间，或高聚物与无机盐在水中以一定的浓度混合而形成互不相容的两相，基于溶质在两相间的分配系数的差异而进行萃取的方法即为双水相萃取。双水相形成条件和定量关系常用相图来表示（图 11.1），它是研究双水相萃取的基础。相图是一根双节线，成相物质都能与水无限混合，当成相组分的配比在曲线的下方时，系统为均匀的单相，混合后溶液澄清透明，称为均相区；当组成配比位于曲线的上方时（用 M 点表示），体系就会自动分成两相，称为两相区，分别有不同的组成密度，轻相（或称上相）组成用 T 点表示，重

---

① PEG 表示聚乙二醇

相（或称下相）组成用 B 点表示，T、B 点称为节点；若配比在曲线上，混合后，溶液恰好由澄清变为浑浊。

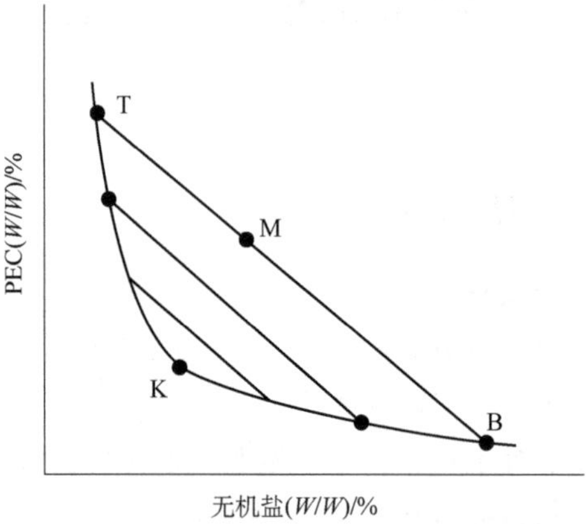

图 11.1 双水相体系相图

直线 TMB 称为系线，是相图的重要特征，关系到相的平衡组成。所有组成在系线上的点，分成两相后，其上下相组成均分别为 T、B，系线越长，两相间的差别越大，当系线长度趋于零时，两相差别消失。系线上系统的总浓度不同，两相组成相同而体积不同，两相体积比可由相图上线段比（BM/MT）估算，即服从杠杆规则（V_T 表示轻相的体积，V_B 表示重相的体积）：

$$\frac{V_T}{V_B}=\frac{BM}{MT}$$

（二）双水相萃取法分离提纯脂肪酶

双水相萃取法分离提纯蛋白质是利用蛋白质在两种物质所形成的双水相中的分配系数的不同而进行分离的。当双水相体系中的两种物质浓度达到一定比例时，就会形成稳定且互不相溶的两相，由于脂肪酶在这两相中的分配系数不同，就会自动地向分配系数高的一相中移动，而其他的杂质则分配到另一相，这样就达到了分离提纯的目的。由于两相都是水相，所以一般对于酶的活性及稳定性不会有太大的影响。

为了得到适合的两相配比，就要通过绘制相图来进行分析，相图的绘制就是通过调整两相比例，得到能够分相的临界点，从而得到相图。

蛋白质含量测定方法为考马斯亮蓝法，利用考马斯亮蓝进行染色，然后检测吸光度，对照标准曲线即可得到蛋白质含量。

酶活的检测方法采用 pNPP 法，pNPP 法是利用脂肪酶水解 4-硝基苯基磷酸二钠盐（pNPP）得到有颜色的对硝基苯酚（pNP），然后通过分光光度计检测其吸光度，对照标准曲线得到酶活。

脂肪酶经过双水相的初步分离后，还要通过凝胶过滤的方法对其进行进一步分离和纯化，从而达到更高的纯度。但是经过双水相后，体系中有大量的PEG（脂肪酶主要分配在PEG相）而不能直接经过凝胶过滤，还需要采取一定手段去除过量的PEG（可以采用PEG沉淀的方法或者反萃取来去除多余的PEG）。

本实验采用的是PEG/（NH_4）$_2SO_4$双水相体系。PEG/（NH_4）$_2SO_4$体系是较为常用的一种双水相体系，以前有人做过相关的研究，证明这种体系对于脂肪酶的分离提纯效果比较好。

三、实验器材

（一）实验材料

假单胞菌（*Pseudomonas* sp.）。

（二）实验用具

三角瓶、容量瓶、烧杯、玻璃棒、移液管、洗耳球、胶头滴管。

（三）实验仪器

紫外-可见分光光度计，离心机，乳化机，恒温摇床，恒温水浴锅，pH计，天平，超声波清洗机，凯氏定氮仪，真空泵，磁力搅拌器。

（四）实验试剂

PEG1000，（NH_4）$_2SO_4$，EDTA，聚乙烯醇，糊精，蛋白胨，$K_2HPO_4 \cdot 3H_2O$，$MgSO_4 \cdot 7H_2O$，NaOH，橄榄油，尿素，牛血清白蛋白，考马斯亮蓝G-250，$CaCl_2$，Tris-HCl，阿拉伯胶，Triton-X100，浓盐酸，pNPP，异丙醇，95%乙醇溶液等。

四、实验方法

（一）实验准备

1. 溶液配制

（1）Tris-HCl（pH 8.5）溶液：称取6.059g Tris-HCl，溶于约800mL蒸馏水

中，用 HCl 调节 pH 至 8.5，定容至 1000mL 即可。

（2）发酵培养基：0.5%糊精；1.5%蛋白胨；0.18% $KHPO_4 \cdot H_2O$；0.07% $MgSO_4 \cdot 7H_2O$；0.14%尿素；2%橄榄油乳化液，调节 pH=8.4 左右，接种量 2%。

（3）考马斯亮蓝溶液：考马斯亮蓝 G-250 100mg 溶于 50mL 95%乙醇溶液，加入 100mL 85% H_3PO_4，用蒸馏水稀释至 1000mL，抽滤除去杂质。最终试剂中含 0.01%（*W*/*V*）考马斯亮蓝 G-250，4.7%（*W*/*V*）乙醇，8.5%（*W*/*V*）H_3PO_4。

（4）标准蛋白质溶液：纯的牛血清白蛋白，预先经微量凯氏定氮法测定氮含量，根据其纯度与 0.15 mol/L NaCl 溶液配制成 100 μg/mL 蛋白质溶液。

（5）溶液 A（比色法测定脂肪酶活力）：准确称量 0.062g pNPP 加到 10mL 异丙醇中，室温下超声波处理 6min，使 pNPP 完全分散到异丙醇中，整个溶液呈乳白色。

（6）溶液 B（比色法测定脂肪酶活力）：1.51g Tris-HCl 完全溶解到 200mL 蒸馏水中，依次加入 1mL Triton-X100，0.25g 阿拉伯胶，0.72mL 浓盐酸，磁力搅拌器混匀，pH 计测量，用稀盐酸调节 pH 至 7.5，定容至 250mL。4 ℃保存。

2. 粗酶液的制备

按上述配方配制假单胞菌发酵培养基 100mL，分装到 2 个 250mL 三角瓶中，灭菌后向每瓶中分别接种 1mL 活化后的假单胞菌种，置于 28℃左右的摇床中培养 60h，将所得溶液在 4000r/min 条件下离心 10min，取上层清液即为所需的粗酶液。

（二）实验步骤

1. PEG/$(NH_4)_2SO_4$体系双水相相图制作

取一定量 40%的 PEG1000 原液置于试管中，然后加入 40%的$(NH_4)_2SO_4$原液，混合直至试管中出现沉淀为止，记录加入的$(NH_4)_2SO_4$的量，再加入适量的水，使体系变得澄清，记录所加入的水的量，并继续加入$(NH_4)_2SO_4$使系统再次变浑浊。如此反复操作，计算达到浑浊时 PEG1000 与$(NH_4)_2SO_4$在体系中所占的质量百分数，记录于表 11.1 中，以$(NH_4)_2SO_4$的质量分数为横坐标，以 PEG 浓度为纵坐标即可得到相图的双节点曲线。

2. 蛋白质含量测定

本实验采用的蛋白质含量测定方法为考马斯亮蓝法，先用标准牛血清白蛋白制作标准曲线，用分光光度计检测 595nm 处的吸光度，记录于表 11.2 中，对照标准曲线即可得到体系中的蛋白质含量（若测得吸光度值过高可稀释后再测）。

3. 酶活检测

1）对硝基苯酚标准曲线的制作

取 10 支试管，依次编号：CK，1，2，3，4，5，6，7，8，9，按照表 11.3 中的顺序，依次加入相应体积的试剂。

以对硝基苯酚（pNP）的绝对量（μmol 数）为横坐标，A_{410nm} 值为纵坐标，绘制标准曲线，并求出 pNP 的摩尔吸光系数 ε 值。

摩尔吸光系数的计算公式：　$A=\varepsilon CL$　（11.1）

式中，A，吸光度；

C，溶液浓度，mol/L；

L，溶液光程的厚度，cm。

当 L=1cm，C=1mol/L 时，吸光度即为摩尔吸光系数。

2）酶活的测定

取 4 支试管，一支作为空白对照，另外三支作为样品（三个重复），反应体系的组成及操作步骤如下：取 4 mL pNPP 底物置于 45℃水浴中预热 5min，加入 50μL 稀释后的酶液，在 45℃下反应 5min 后，加入 10μL 0.05 mol/L EDTA 溶液后立即放入冰水中中止反应。用紫外-可见分光光度计测定 410nm 波长处的吸光度，根据所产生的对硝基苯酚（pNP）浓度来计算酶活。单位酶活定义为：45℃下，pH8.5 时，每分钟分解 pNPP 并释放 1μL 对硝基苯酚所需的酶量。

4. 双水相萃取脂肪酶

先将 PEG1000 和（NH_4）$_2SO_4$ 分别配制成质量分数 50%和 40%两种浓度，然后按照一定的比例混合，保证体系中的 PEG1000 质量分数分别为 15%、20%和 25%，即有 9 组不同的体系进行实验。分别取上述 9 种体系 8g 置于 10mL 刻度试管中，向其中加入 2g 粗酶液，静置 15min 左右，观察分相情况并记录上下相体积比。在不同的水浴温度下进行实验，研究温度及体系配比对于双水相体系萃取效果的影响。分别取上下相溶液 1mL，定容至 100mL，测其总蛋白质含量和酶活，并记录于表 11.4 中。

五、实验结果

（一）双水相相图制作

PEG/（NH_4）$_2SO_4$ 体系双水相相图实验数据记录于表 11.1。

表 11.1　PEG/（NH_4）$_2SO_4$ 体系双水相相图实验数据

序号	加水量/mL	加（NH_4）$_2SO_4$ 溶液量/mL	纯（NH_4）$_2SO_4$ 累积量/g	溶液累计总量/mL	PEG1000 质量分数	（NH_4）$_2SO_4$ 质量分数
1						
2						
3						
4						
5						
6						
7						

（二）蛋白质含量测定标准曲线

蛋白质含量测定标准曲线实验数据记录于表 11.2。

表 11.2　蛋白质含量测定标准曲线实验数据

试管编号	0	1	2	3	4	5	6
100μg/mL 标准蛋白质溶液/mL	0.0	0.1	0.2	0.3	0.4	0.5	0.6
0.15mol/L NaCl 溶液/mL	1.0	0.9	0.8	0.7	0.6	0.5	0.4
考马斯亮蓝溶液/mL	5.0	5.0	5.0	5.0	5.0	5.0	5.0
摇匀，1h 内以 0 号管为空白对照，在 595nm 处比色							
A_{595nm}							

（三）酶活测定标准曲线

酶活测定标准曲线实验数据记录于表 11.3。

表 11.3　酶活测定标准曲线实验数据

试管编号	CK	1	2	3	4	5	6	7	8	9
1.0mol/L pNP 溶液/μL	0	10	20	30	40	50	60	70	80	100
异丙醇/μL	450	440	430	420	410	400	390	380	370	350
溶液 B/mL	4.05	4.05	4.05	4.05	4.05	4.05	4.05	4.05	4.05	4.05
1mol/L $CaCl_2$ 溶液/μL	10	10	10	10	10	10	10	10	10	10
Tris-HCl 缓冲溶液/mL	0.5	0.5	0.5	0.5	0.5	0.5	0.5	0.5	0.5	0.5
pNP 含量/μL	0.00	0.01	0.02	0.03	0.04	0.05	0.06	0.07	0.08	0.10
A_{410nm}										

（四）双水相萃取脂肪酶实验结果

双水相萃取脂肪酶实验数据记录于表 11.4。

表 11.4　双水相萃取脂肪酶实验数据

试管编号	1	2	3	4	5	6	7	8	9
PEG1000 质量分数/%	15	15	15	20	20	20	25	25	25
$(NH_4)_2SO_4$质量分数/%	15	20	25	15	20	25	15	20	25
上相体积/mL									
下相体积/mL									
上相总蛋白含量/μg									
下相总蛋白含量/μg									
上相总酶活/U									
下相总酶活/U									

六、思考题

（1）如何利用双水相相图控制相比？

（2）PEG 平均分子量及浓度、$(NH_4)_2SO_4$浓度、pH 等因素如何影响双水相体系中被提纯物质的分配系数？

（3）经过双水相萃取后的脂肪酶，若进一步进行分离纯化，采取什么方法效果最佳？

实验十二　大孔吸附树脂分离提取红霉素综合实验

问题导读（预习思考）

- 吸附过程涉及哪些参数？各自的影响关系是什么？
- 吸附等温线的测定需要注意什么？
- 描述吸附动力学的模型有哪些？各自都有哪些假设条件？
- 大孔吸附树脂吸附红霉素的机理是什么？
- 大孔吸附树脂分离提取红霉素的优点有哪些？

一、实验目的

（1）掌握大孔吸附树脂吸附等温线、吸附动力学曲线的测定方法。
（2）学习大孔吸附树脂提取纯化红霉素的工艺。
（3）掌握利用大孔吸附树脂分离提取红霉素的原理和方法。

二、实验原理

（一）大孔吸附树脂的吸附原理

大孔吸附树脂是一种具有大孔结构的有机高分子共聚体，是一类人工合成的有机高聚物吸附剂。因其具多孔性结构而具有筛选性，又通过表面吸附、表面电性或形成氢键而具吸附性。大孔吸附树脂一般为球形颗粒状，粒度多为20～60目，有非极性（HPD-100，HPD300，D-101，X-5，H103）、弱极性（AB-8，DA-201，HPD400）、极性（NKA-9，S-8，HPD-500）之分。大孔吸附树脂理化性质稳定，一般不溶于酸、碱及有机溶媒，在水和有机溶剂中可以吸收溶剂而膨胀。与漂白土、活性炭等传统吸附剂相比，大孔吸附树脂具有解析容易、选择性好、机械强度高、耐有机溶剂、抗污染、再生容易等优点。

大孔吸附树脂吸附技术是以大孔吸附树脂为吸附剂，利用其对不同成分的选择性吸附和筛选作用，通过选用适宜的吸附和解吸条件以分离、提纯某一种或某一类有机化合物的技术。吸附分离依据相似相容的原则，一般非极性树脂适于从极性溶剂中吸附非极性有机物质；相反，强极性脂适于从非极性溶剂中吸附极性溶质；而中等极性吸附树脂不但能从非水介质中吸附极性物质，还能从极性溶液中吸附非极性物质。

大孔吸附树脂吸附技术广泛应用于制药及天然植物中活性成分（如皂甙、黄酮、内脂、生物碱等大分子化合物）的提取分离，以及维生素和抗生素的提纯、化学制品的脱色、医院临床化验和中草药化学成分的研究等。

（二）大孔吸附树脂分离提取红霉素的原理

红霉素在临床上的应用近年来日益增加，除了用于抗革兰氏阳性菌，还可用于抗部分革兰氏阴性菌和细胞内病原体（支原体、衣原体和军团菌等）引起的感染；红霉素衍生物（如阿奇霉素、克拉霉素和罗红霉素）在临床上的广泛使用及新剂型（如红霉素肠溶微丸胶囊）的开发，使红霉素原料的用量大幅度增加。目前工业生产中，最普遍的红霉素分离提炼方法是溶媒萃取法，溶媒萃取的主要缺点是乳化严重、有机相与水相分相困难、出现夹带、收率低、环境污染严重。为克服溶媒萃取的缺点，研究人员不断开发出新的破乳剂以降低乳化现象，也有许多科研人员投入到新分离技术的研究中，将离子交换、大孔吸附树脂吸附、膜分离技术等应用于红霉素分离纯化过程中。

20 世纪 60 年代发展起来的采用大孔吸附树脂从发酵液中分离提取红霉素的技术，受到科技界和产业界人士的关注。用吸附法或离子交换法分离提取红霉素时，由于红霉素是由红霉内酯（erythronolide）与德糖胺（desosamine）和克拉定糖（cladinose）缩合而成的碱性苷，分子较大，所以用一般树脂分离较困难，这也是采用大孔吸附树脂分离提取的原因之一。

大孔吸附树脂分离红霉素是以物理吸附为主，兼有化学吸附和离子交换作用；吸附等温线符合 Freundlich 等温线和 Langmuir 方程。其特点是：①大孔结构有利于红霉素在树脂内的扩散，因而显示出较高的收率和一定的选择性；②大孔吸附树脂改善了吸附物质在树脂微孔结构中扩散的障碍，具有吸附速度快、机械强度高和抗有机污染强的特点。缺点有：①大孔吸附树脂再生较困难，需碱水浸泡和水洗等工序，能耗较大；②大孔吸附树脂吸附红霉素的过程受液膜扩散和颗粒内扩散阻力的影响，因此其分离效果易受发酵液流速与浓度影响。

三、实验器材

（一）实验材料

红色糖多孢菌（*Saccharopolyspora erythraea*）。

（二）实验用具

三角瓶、试管、接种环、烧杯、玻璃棒、移液管、洗耳球、胶头滴管、具塞锥形瓶、比色皿。

（三）实验仪器

分析天平、灭菌锅、分光光度计、无菌操作台、恒温振荡器、生化培养箱、玻璃层析柱、电热恒温鼓风干燥箱、超声波清洗仪、蠕动泵、旋转蒸发仪、真空抽滤机、高效液相色谱仪、pH 计、磁力搅拌器、真空干燥箱等。

（四）实验试剂

NaOH、HCl、可溶性淀粉、$(NH_4)_2SO_4$、NaCl、K_2HPO_4、蛋白胨、糊精、葡萄糖、酵母粉、$CaCO_3$、$MgSO_4$、玉米浆、豆油、3,5-二硝基水杨酸、酒石酸钾钠、K_2CO_3、H_2SO_4、醋酸丁酯、无水硫酸钠、乙醇、$ZnSO_4$、冰醋酸、硫酸、甲醇、乙腈、KH_2PO_4、$Na_2B_4O_7$、NaSCN、丙酮、大孔吸附树脂（HZ816）、红霉素标准品等。

四、实验方法

（一）实验准备

1. 培养基

（1）斜面培养基：可溶性淀粉 10g/L，玉米浆 10mL/L，蛋白胨 10g/L，NaCl 3g/L，$(NH_4)_2SO_4$ 3g/L，$CaCO_3$ 5g/L，琼脂 18g/L，灭菌前 pH 7.0。

（2）种子培养基：可溶性淀粉 35g/L，$(NH_4)_2SO_4$ 7.5g/L，NaCl 5g/L，K_2HPO_4 0.8g/L，蛋白胨 5g/L，糊精 20g/L，葡萄糖 30g/L，酵母 20g/L，$CaCO_3$ 8g/L，$MgSO_4$ 0.5g/L，pH 7.0。

（3）发酵培养基：可溶性淀粉 30g/L，$(NH_4)_2SO_4$ 5g/L，糊精 15g/L，葡萄糖 20g/L，玉米浆 1mL/L，$CaCO_3$ 9g/L，豆油 4mL/L，pH 7.5。

2. 培养方法

（1）菌种活化：对于已长久保存的菌种，需经斜面培养基活化培养一次，即取保存的斜面菌种，移至种子斜面，经 34℃斜面培养 5d 至孢子长好，作为活化后的种子。

（2）斜面种子的制备：取活化好的斜面菌种，无菌操作，取 5mL 无菌水至种子斜面，用接种环轻轻刮下孢子，轻轻振荡制成孢子悬浮液。

（3）摇瓶种子液的制备：将孢子悬浮液接入一瓶无菌的液体种子培养基，34℃摇床培养 3d，摇床转速为 160rpm，制成种子液。

（4）摇瓶发酵：无菌操作，取发酵培养基（液）3 瓶，按 10%的接种量接入种子液。摇床转速为 160rpm，31℃摇床培养 2d，另一瓶不接种留作对照。测量发酵过程中 pH、生物量、发酵液红霉素含量的变化并记录。

3. 树脂的预处理

新购树脂可能有致孔剂、分散剂、惰性溶剂等化学剂残留，使用前需进行预处理，操作步骤如下。

（1）取一定量树脂，采用两倍体积乙醇浸泡，不断低速搅动，2h 后更换乙醇，如此 3 次使树脂充分溶胀。

（2）制备固定床。将浸泡过的树脂按照湿法填装入 26mm×30cm 的玻璃层析柱中，高径比为 3：1，制成大孔吸附树脂固定床。

（3）用乙醇以 2BV[①]/h 的流速洗涤树脂，至流出乙醇不再浑浊（用量约 3BV）。

（4）用去离子水以 2BV/h 的流速洗涤树脂至流出液无乙醇味。

4. 树脂再生

（1）顶洗纯丙酮 2BV。

（2）淋洗体积比为 1：3 的丙酮-碱水混合溶液 2.5BV。

（3）顶洗去离子水 6BV，洗至流出液 pH 在 7.0 左右。

（二）实验步骤

1. 分光光度法测定红霉素含量标准曲线

红霉素经硫酸水解后呈黄色，于 483nm 处有极大吸收值，可以定量测定。准确称取红霉素标准品 0.02g 于 100mL 容量瓶，加少量乙醇溶解，用水稀释至刻度。分别准确量取 1mL、2mL、3mL、4mL 和 5mL 于试管中，各用水稀释至 5mL，再加入 8mol/L 硫酸 5mL，于 50℃水浴中保温 30min 后，取出于分光光度计上测量吸光度，检测波长为 483nm。以吸光度为纵坐标，浓度为横坐标，绘制标准曲线。

2. HPLC 法测定红霉素含量标准曲线

用电子天平称取 11mg 纯度为 95.6%的红霉素标准品于小烧杯中，用胶头滴管加入 1mL 甲醇，摇匀使其充分溶解，制成浓度为 11mg/mL 的标准液，从标准液中吸取 0.5mL，与 0.5mL 甲醇混合，制成 5.5mg/mL 的标准液。用同样的方法分别配制浓度为 2.75mg/mL 、1.375mg/mL 、0.687 5mg/mL 的标准液。

---

① BV 表示单位时间某断面（横截面）的流体流量

色谱柱采用 Hypersil BDS 色谱柱（4.6mm×250mm，填料粒径 5μm），流动相采用 0.025mol/L 的 KH_2PO_4 溶液-乙腈溶液（体积比=60∶40），流速 1mL/min，柱温 35℃，检测波长 215nm，进样量 20μL。以红霉素浓度为纵坐标，峰面积为横坐标，绘制标准曲线。

3. 红霉素吸附等温线的测定

平衡吸附实验在 5 个不同温度（283.13K、293.13K、303.13K、313.13K 及 323.13K）下进行：于 500mL 具塞锥形瓶中加入一定体积不同浓度的红霉素水溶液，将温度控制在所需实验温度，加入一定质量预处理好的抽干树脂，将锥形瓶置于事先设定好温度的摇床上，以 220rpm 转速振荡 12h，采用分光光度法在 483nm 处测定各锥形瓶中红霉素的平衡浓度，并记录于表 12.1 中。通过下式计算出树脂吸附量 q_e：

$$q_e = V\left(C_0 - C_e\right)/W \tag{12.1}$$

式中，q_e，树脂吸附量，mg/g；

C_e，红霉素平衡浓度，mg/L；

C_0，红霉素初始浓度，mg/L；

W，树脂用量，g；

V，红霉素水溶液体积，mL。

根据不同 C_e 下对应的 q_e，作出树脂在不同温度下的吸附等温线。

4. 红霉素吸附动力学实验

于 500mL 具塞锥形瓶中加入 200mL 不同浓度的红霉素水溶液，将温度控制在所需实验温度，加入 2g 左右预处理好的抽干树脂，将锥形瓶置于设定好温度的摇床上，以 220rpm 转速振荡。从将树脂加入装有红霉素水溶液的锥形瓶时开始，分别于不同的时间取样 1mL 进行分析，测定溶液中的红霉素含量，直至接近吸附平衡，实验数据记录于表 12.2 中。根据下式计算出树脂即时吸附量：

$$q_t = V(C_0 - C_t)/W \tag{12.2}$$

式中，q_t，树脂即时吸附量，mg/g；

C_t，红霉素即时浓度，mg/L；

C_0，红霉素初始浓度，mg/L；

W，树脂用量，g；

V，红霉素水溶液体积，mL。

5. 大孔吸附树脂分离提取发酵液中的红霉素

1）发酵液预处理

发酵液中含有低浓度（0.8%）的红霉素，绝大部分是菌丝体和未发酵的培养基及代谢产物，不能直接用树脂吸附，这给提炼带来了困难，需对发酵液进行预处理和过滤。用硫酸锌沉淀蛋白质，使菌丝结团加快滤速。

2）上柱吸附

采用蠕动泵将红霉素滤液以一定的流速泵入树脂固定床，此流速下大孔吸附树脂对红霉素的饱和吸附量约为0.1g/mL。控制红霉素的上柱吸附量为饱和吸附量的60%，测定过柱液的化学效价。

$$穿透损失=\frac{过滤液效价}{红霉素滤液效价}\times 100\%$$

3）洗涤

在上一步吸附结束后，使用去离子水以一定的流速洗涤0.5BV，替换固定床中的残余发酵液。然后更换$Na_2B_4O_7$-NaOH缓冲液（pH9.6），先以一定的流速洗涤0.5h，使树脂间充满碱性缓冲液，然后降低流速洗涤1h，使树脂上吸附的红霉素完全转为游离碱。最后使用去离子水洗涤1h，冲洗树脂间的碱性缓冲液，降低树脂固定床中的离子强度以便解析。

4）洗脱

用一定量的醋酸丁酯以恒定的流速泵入固定床进行解析。收集流出液，除去水相，将洗脱液进行结晶。

5）结晶

（1）成盐反应：将洗脱下的醋酸丁酯液置于反应器中，控制温度在40℃，加入一定量的NaSCN溶液；搅拌使溶液混合均匀，待温度升至40℃时向反应器中滴加冰醋酸溶液；降低搅拌速率，养晶时间控制在5min左右。

（2）抽滤：抽滤，测定母液水相pH。

（3）用50℃去离子水洗涤晶体，用量约为反应溶液的两倍。

（4）烘干：在55℃条件下烘干，称重，检验质量，进行相关计算。

6）重结晶

（1）称取一定量的硫氰酸红霉素粗品溶解于丙酮中，打开磁力搅拌器，滴加1mol/L的NaOH溶液（约红霉素摩尔质量的2倍），使其恰好溶解。

（2）若析出污水层，则除去污水。

（3）加入红霉素摩尔质量0.7倍的NaSCN溶液，补充损失的NaSCN。

（4）采用恒流泵定速缓慢加入一定量的醋酸，调节pH至6.45，加入一定量的水，调节体系中丙酮与水的比例为1.5∶1（V/V）。

（5）搅拌1h，过滤，于55℃下烘干，计算收率，分析产品组分含量。

五、实验结果

（1）分光光度法测定红霉素含量标准曲线。

（2）HPLC 法测定红霉素含量标准曲线。

（3）测定红霉素吸附等温线。红霉素吸附等温线测定实验数据记录于表 12.1。以 C_e 为横坐标、q_e 为纵坐标作图，可得相应温度下的吸附等温线。

表 12.1　红霉素吸附等温线测定实验数据

项目	温度/K				
	283.13	293.13	303.13	313.13	323.13
红霉素初始浓度 C_0/（mg/L）					
红霉素平衡浓度 C_e/（mg/L）					
红霉素水溶液体积 V/mL					
树脂用量 W/g					
树脂吸附量 q_e/（mg/g）					

（4）红霉素吸附动力学实验。相关实验结果记录于表 12.2。以 t 为横坐标，以 C_t/C_0 为纵坐标作图，可得一定温度下的吸附动力学曲线。

表 12.2　红霉素吸附动力学实验结果

时间 t/h	红霉素初始浓度 C_0/（mg/L）	红霉素即时浓度 C_t/（mg/L）	红霉素水溶液体积 V/mL	树脂用量 W/g	树脂即时吸附量 q_t/（mg/g）	C_t/C_0
0						
1						
2						
3						
4						
5						
6						
7						
8						
9						

（5）大孔吸附树脂分离提取发酵液中的红霉素。相关实验结果记录于表 12.3。

表 12.3　大孔吸附树脂分离提取发酵液中红霉素实验结果

分离步骤	红霉素含量/（mg/L）	损失率/%	红霉素标准品含量/（mg/L）	纯度/%	收率/%
发酵滤液					
过柱液					
洗涤液					
洗脱液					
结晶					
干燥					
重结晶					
再干燥					

六、思考题

（1）大孔吸附树脂的吸附原理是什么？
（2）吸附操作过程中应注意的问题有哪些？
（3）红霉素在大孔吸附树脂上的吸附行为符合什么动力学模型？
（4）硫氰酸红霉素粗品为何要进行重结晶过程？
（5）如何进行红霉素的定性分析？
（6）分光光度法测定的红霉素含量与 HPLC 法测定的红霉素含量有何区别？

主要参考文献

贾士儒，宋存江. 2016. 发酵工程实验教程. 北京：高等教育出版社.

刘叶青. 2014. 生物分离工程实验：第 2 版. 北京：高等教育出版社.

马江权. 2016. 化工原理实验：第 3 版. 上海：华东理工大学出版社.

孙彦. 2013. 生物分离工程：第 3 版. 北京：化学工业出版社.

王俊华，杨洁，付建红，等. 2007. 白地霉 *Cryytococcus neoformans* 脂肪酶的双水相萃取. 中国生物工程，27（6）：71-75.

王志奎. 2017. 化工原理：第 5 版. 北京：化学工业出版社.

吴晓艺. 2013. 化工原理实验. 北京：清华大学出版社.

姚克俭. 2009. 化工原理实验立体教材. 杭州：浙江大学出版社.

姚玉英. 1999. 化工原理. 天津：天津大学出版社.

于龙江. 2016. 发酵工程原理与技术. 北京：高等教育出版社.

张跃飞. 2014. 化工原理实验. 北京：化学工业出版社.

附录一 数 据 处 理

1. 有效数字

实验过程中的原始记录是实验所测数据的真实反映，因此测量前需要制定相应表格进行清晰记录，为后续数据处理及分析提供真实数据。记录数据时应保留有效数字，每个数据最末位为代读数字或存疑数字，其余位数为确定数字。数据加减时，最终保留的有效数字以最高位数字的有效数字为准。

例如，12.5+4.66=17.16≈17.2

12.5+4.75=17.25≈17.2

上例中，第一个数字（12.5）的存疑数字只有小数点后一位，第二个数字（4.66 和 4.75）存疑数字在小数点后两位，因此最终加和的结果存疑数字只保留到小数点后一位，存疑数字采取四舍五入、偶舍奇入的方法进位处理。乘除运算类同，乘方开方有效数字位数与其底数相同。

数据拟合可利用 Excel 及计算机编程进行处理，并对处理结果进行统计分析。

2. 误差分析

误差的来源有随机误差、系统误差及过失误差三大类。系统误差一般由仪器本身、环境影响及操作人员的偏好与习惯引起，其误差对于同一个测量值具有不变的特点。过失误差由操作失误或不规范引起，在实验过程中通过规范操作是可控的。若测量数据中不包含系统误差及过失误差，则误差分析应该只有随机误差。随机误差又称为偶然误差，服从正态分布，即正负误差出现的概率应该相同，绝对值小的误差出现概率大，而绝对值大的误差出现概率趋于零。

真值相对于误差是一个理想的概念，但是对于某一物理量，经过多次测量出现正负偏差的概率是相同的，因此在不存在系统误差的前提下，实际测量可用平均值来代替，一般实验测量数据以三次为最低限，取平均值，若其中某个数据偏差较大，说明存在过失误差，需补充测量。因此在数据处理过程中应该将随机误差和过失误差加以区分。

如附图 1.1 所示，该图是作图法求取恒压过滤常数实验数据处理过程，第一条直线舍去了距离坐标原点最近的一个点，第二条直线是舍去了第三个点。由恒压过滤速率方程可知，该直线的截距是恒大于零的，因此，第一个点存疑而非第三个点存疑。对于实验数据误差分析，不仅应依靠拟合程度的方差分析，还要结合理论，将存疑的点作为瑕疵点舍去。因此在进行曲线拟合时，首先需要保证所测数据无过失误差，或者通过拟合判断是否存在过失误差，如存在则应舍去，仅依靠拟合的方差分析有可能会得出错误的结论。

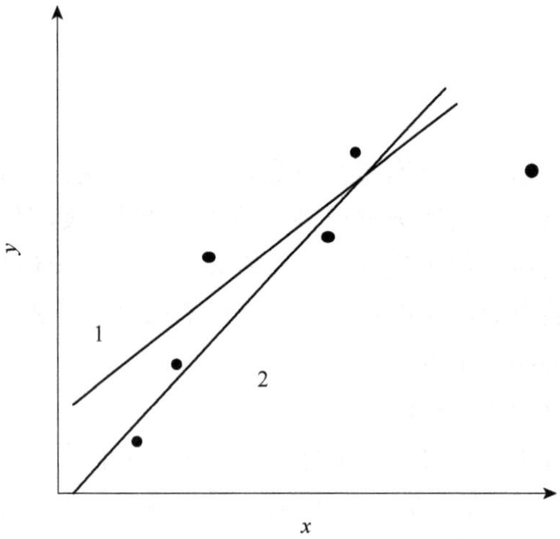

附图 1.1　作图法求取恒压过滤常数实验数据分析

附录二　铜-康铜热电偶分度表

温度/℃	热电动势/ mV									
	0	1	2	3	4	5	6	7	8	9
−40	−1.475	−1.510	−1.544	−1.579	−1.614	−1.648	−1.682	−1.717	−1.751	−1.785
−30	−1.121	−1.157	−1.192	−1.228	−1.263	−1.299	−1.334	−1.370	−1.405	−1.440
−20	−0.757	−0.794	−0.830	−0.867	−0.903	−0.904	−0.976	−1.013	−1.049	−1.085
−10	−0.383	−0.421	−0.458	−0.495	−0.534	−0.571	0.602	−0.646	−0.683	−0.720
0	−0.000	−0.039	−0.077	−0.116	−0.154	−0.193	−0.231	−0.269	−0.307	−0.345
0	0.000	0.039	0.078	0.117	0.156	0.195	0.234	0.273	0.312	0.351
10	0.391	0.430	0.470	0.510	0.549	0.589	0.629	0.669	0.709	0.749
20	0.789	0.830	0.870	0.911	0.951	0.992	1.032	1.073	1.114	1.155
30	1.196	1.237	1.279	1.320	1.361	1.403	1.444	1.486	1.528	1.569
40	1.611	1.653	1.695	1.738	1.780	1.822	1.865	1.907	1.950	1.992
50	2.035	2.078	2.121	2.164	2.207	2.250	2.294	2.337	2.380	2.424
60	2.467	2.511	2.555	2.599	2.643	2.687	2.731	2.775	2.819	3.864
70	2.908	2.953	2.997	3.042	3.087	3.131	3.176	3.221	3.266	3.312
80	3.357	3.402	3.447	3.493	3.538	3.584	3.630	3.676	3.721	3.767
90	3.813	3.859	3.906	3.952	3.998	4.044	4.091	4.137	4.184	4.231
100	4.277	4.324	4.371	4.418	4.465	4.512	4.559	4.607	4.654	4.701
110	4.749	4.796	4.844	4.891	4.939	4.987	5.035	5.083	5.131	5.179
120	5.227	5.275	5.324	5.372	5.420	5.469	5.517	5.566	5.615	5.663
130	5.712	5.761	5.810	5.859	5.908	5.957	6.007	6.056	6.105	6.155
140	6.204	6.254	6.303	6.353	6.403	6.452	6.502	6.552	6.602	6.652
150	6.702	6.753	6.803	6.853	6.903	6.954	7.004	7.055	7.106	7.150
160	7.207	7.258	7.309	7.360	7.411	7.462	7.513	7.564	7.615	7.660
170	7.718	7.769	7.821	7.872	7.924	7.975	8.027	8.079	8.131	8.183
180	8.235	8.287	8.339	8.391	8.443	8.495	8.548	8.600	8.652	8.705
190	8.757	8.810	8.863	8.915	8.968	9.021	9.074	9.127	9.180	9.233

续表

温度/℃	热电动势/ mV									
	0	1	2	3	4	5	6	7	8	9
200	9.286	9.339	9.392	9.446	9.499	9.553	9.606	9.659	9.713	9.767
210	9.820	9.874	9.928	9.982	10.036	10.090	10.144	10.198	10.252	10.306
220	10.360	10.414	10.469	10.523	10.578	10.632	10.687	10.741	10.796	10.851
230	10.905	10.960	11.015	11.070	11.128	11.180	11.235	11.290	11.345	11.401
240	11.450	11.511	11.566	11.622	11.677	11.733	11.788	11.844	11.900	11.956

注：参考端温度为 0℃

附录三　二元物系组成与折光率的关系

1. 正庚烷-甲基环己烷物系

组成（正庚烷摩尔分率）	折光率（n_D^{25}）	组成（正庚烷摩尔分率）	折光率（n_D^{25}）
0	1.420 6	54	1.400 4
2	1.419 4	58	1.399 0
6	1.418 2	62	1.397 6
10	1.416 6	66	1.396 2
14	1.415 0	70	1.394 8
18	1.413 4	74	1.393 6
22	1.411 9	78	1.392 2
26	1.410 4	82	1.390 8
30	1.409 0	86	1.389 2
34	1.407 5	90	1.388 4
38	1.406 1	94	1.387 6
42	1.404 7	98	1.386 8
46	1.403 2	100	1.386 4
50	1.401 8		

2. 乙醇-正丙醇物系

组成（正丙醇摩尔分率）	折光率（n_D^{25}）
5.46	1.362 1
16.06	1.364 7
25.85	1.367 1
25.64	1.369 5
45.83	1.372 0
54.39	1.374 1
65.81	1.376 9
74.38	1.379 0
85.79	1.381 8

附录四　二元物系相对挥发度

1. 正庚烷-甲基环己烷物系

温度 T/℃	正庚烷蒸气压 P_A/mmHg	甲基环己烷蒸气压 P_B/mmHg	相对挥发度
100.93	817.47	759.90	1.075 76
100.50	807.36	750.70	1.075 48
100.10	798.05	742.30	1.075 10
100.00	795.73	740.20	1.075 02
99.67	788.06	733.24	1.074 75
99.50	784.23	729.77	1.074 62
99.00	772.86	719.46	1.074 22
98.50	761.62	709.26	1.073 82
98.42	759.83	707.64	1.073 75

2. 乙醇-正丙醇物系

温度 T/℃	乙醇含量 X_A（摩尔分率）	正丙醇含量 X_B（摩尔分率）	相对挥发度
94.50	0.073 7	0.163 7	2.460
93.85	0.081 9	0.204 5	2.882
90.65	0.204 5	0.405 0	2.648
88.20	0.237 3	0.429 5	2.420
86.30	0.368 2	0.576 7	2.338
83.50	0.523 6	0.711 7	2.246
82.20	0.589 0	0.768 9	2.322
81.20	0.705 1	0.845 0	2.280
80.20	0.818 1	0.908 0	2.194
79.30	0.899 8	0.994 8	1.906